U0179447

寻豆师

非洲咖啡指南

The Bean Seeker

许宝霖——著

中信出版集团 | 北京

图书在版编目（CIP）数据

寻豆师：非洲咖啡指南 / 许宝霖著. -- 北京：中信出版社, 2021.1（2024.7重印）
ISBN 978-7-5217-2301-4

Ⅰ. ①寻… Ⅱ. ①许… Ⅲ. ①咖啡－品鉴－非洲
Ⅳ. ①TS971.23

中国版本图书馆CIP数据核字(2020)第186568号

寻豆师——非洲咖啡指南

著　　者：许宝霖
出版发行：中信出版集团股份有限公司
（北京市朝阳区东三环北路27号嘉铭中心　邮编　100020）
承 印 者：北京盛通印刷股份有限公司

开　　本：787mm × 1092mm　1/16　　印　　张：13.5　　字　　数：180千字
版　　次：2021年1月第1版　　印　　次：2024年7月第6次印刷
书　　号：ISBN 978-7-5217-2301-4
定　　价：88.00元

目 录

肯尼亚篇
KENYA CHAPTER

卢旺达篇
RWANDA CHAPTER

布隆迪篇
BURUNDI CHAPTER

第二部分

国际评审的选豆心法

冠军豆与当红传奇品牌

寻豆师的选豆准则

老兵与新种

精品咖啡农的看家本领

推荐序

热情、专业，最让选手信服的国际评审

宝霖先生来自中国台湾，他是全球咖啡圈公认的知名专家，以在世界各地追寻咖啡生豆闻名，发掘的咖啡无一不顶尖出众。他是环球旅行者，不断寻找着卓越的咖啡，同时也作为代表参与国际咖啡赛事，帮助改善咖啡市场现状，为咖啡圈贡献良多。

我曾是世界咖啡师大赛（WBC）中的一名选手，由宝霖先生担任评审，我很开心他能现身于我的舞台。如果有一天我再度上台，他绝对是我希望看到的那位评审。他为人和善、深具智慧，对咖啡充满热情。如果您也是这美妙的咖啡产业中的一员，就请尽情享受这趟阅读之旅吧！

井崎英典

2014 年世界咖啡师大赛世界冠军

Mr. Joe has been one of the most recognized coffee professional from Taiwan in our global coffee community and pouring passion to source green coffees from all over the world.

Coffee he sourced is definitely one of the best coffees from all over the world. He is a world traveler who's looking for an excellent cup of coffee and also contributing coffee community to improve their coffee market as a representative of world coffee events.

I, as a previous competitor at World Barista Championship, was judged by Mr. Joe and I always loved to have him on my stage. If I compete once again he'd be definitely the one who I want to be judged again.

He's a kind and wise person who's full of passion and love for coffee. Please enjoy reading through this book as if you were part of this wonderful coffee industry!

Hidenori Izaki

推荐序

发掘精品咖啡的绝妙风味

卓越杯（CoE）是全世界竞争最激烈的咖啡大赛，参赛的咖啡豆必须通过五轮杯测（不含样品的初步筛选），每一轮测试都由杯测师团队来评比、把关。前十名的顶尖咖啡豆甚至要经过上百次评分之后才能脱颖而出。

但卓越杯的重点不只在于奖项，还有赛事对整个咖啡产业特别是精品咖啡的深远影响。卓越杯也是一项独一无二的咖啡拍卖活动（首创全球网络竞标），不仅大幅改善了获奖小咖啡农的收入，也重整了咖啡产业，让更多咖啡农找到适合生产的咖啡豆，也帮助更多采购商获得了他们心目中的最佳咖啡豆。

在卓越杯问世之前，大多数咖啡豆都被混合处理，不同咖啡豆本身的绝妙风味无法凸显。人们多以国家或地域名称笼统地概括风味特色，而不是依据品种的独特性或不同的微型气候来区分批次，真正的好豆子往往就因此被埋没了。咖啡豆风味的复杂度是如此不可思议，每次采收期都必须很谨慎地精挑细选，才能够从中发掘到珍宝。

凭借卓越杯脱颖而出的咖啡，让我们进入一个令人回味无穷、惊叹不已的咖啡世界，其中微型气候、品种、耕种与采摘方式、加工与烘焙方式都是关键因素。因为卓越杯的存在，像许宝霖这样眼光独到的烘豆师才能给顾客提供风味独特的精品豆（在卓越杯获奖的每一个批次都会注明栽种者，而且这些咖啡的数量极其有限）。在卓越杯获奖继而参与竞标的咖啡豆都是宝藏，总能令人感到无限惊喜，能够买到它们的人可算是少数的幸运儿了，就像宝霖一样。

卓越杯也让咖啡庄园变得更加透明化。所谓透明化，是指喝咖啡的人可以知道咖啡树在哪里生长、栽种的咖啡农是谁，这对整个咖啡产业在财务与生产上的永续性而言非常重要。在卓越杯之前，很多咖啡农无法因提供出色的咖啡而合理提升收入，但在卓越杯竞赛中获奖的咖啡农能够获得优渥的收入，从而更有意愿提升技术、进行投资，掌握并提升咖啡豆的质量。如今最优质的咖啡生产者兼具创新的意愿与技术，他们把自己的庄园经营得风生水起，成为成功的小规模企业。采购商也有更多机会到庄园拜访，观看他们买进的咖啡豆的生长地，与咖啡农培养长期的关系与友谊，一起庆祝，互相切磋。

卓越杯的举办者是非营利组织卓越咖啡联盟（ACE），宝霖是该组织的 11 位全球理事之一。这个大家庭的成员囊括了各地最优秀也最用心的烘豆师与零售商，还包括优质的咖啡农，甚至为联盟提供赞助的个人。每次冠军咖啡出炉都让我们这些咖啡人兴奋雀跃，我们也会持续保持关注，看看世界上到底还有哪些绝妙的咖啡等待发掘。

卓越咖啡联盟创办人兼执行长

苏西·史宾德勒（Susie Spindler）

前 言

寻豆师，可以掌握寻找风味的主动权

《寻豆师：国际评审的中南美洲精品咖啡庄园报告书》一书出版后，有不少读者通过脸书与微信提问，问题涵盖了对庄园的评价、对处理法的疑惑、咖啡品种的特性等，其中一位读者表示："我无法到产区寻豆，只能找供货商进货，但生豆商的信息让人眼花缭乱，知名度高的庄园可以信赖吗？选豆时该如何做出判断？"

这问题看似普通，却点出咖啡行业生豆采购中的关键：现今无论是供货商主动提供，还是在网络上自己搜寻，烘豆师与采购者都得面对铺天盖地的信息，多数人确实无法年复一年到产豆国寻豆，只能拿到样品进行杯测，口碑好的庄园、知名品牌豆、明星品种是否真的值得买？尤其在竞标中价格越抬越高的豆子，其性价比如何？

当初在策划《寻豆师》一书时，我与编辑原本设想的是上下两册，先写中南美洲再写非洲，因为咖啡产豆国实在太多，一本书的篇幅难以承载。第一本先从中南美洲与国际评审的杯测笔记入手，主要因为中南美洲的精品咖啡多是庄园体系，部分国家较为发达，寻豆难度较低，只要精熟杯测、找到质量良好的豆源与可信赖的庄园主，就有把握建立长期的采购关系。

到了《寻豆师：非洲咖啡指南》，我们要到寻豆难度更高的非洲，对寻豆师而言，除了路途更颠簸，更困难的是全然迥异于中南美洲的产豆体系：四处分散的小咖啡农、不擅小批次交易的处理场和更为复杂的品种谱系。但无论如何，作为咖啡起源地的非洲自是寻豆师心中的圣地，也是寻豆更上一层楼的必到之处。

前往中南美洲庄园寻豆常见以下模式：风尘仆仆由公路转往庄园的山径，检视咖啡树与果实的情况，并与工头查看咖啡樱桃果的摘采颜色、熟度，至水洗区查看去果胶、发酵槽的情况，对新采收季仍稚嫩的批次进行杯测，细论调整发酵时间与处理的可行性，话题还包括“solar room”（透明遮棚的日晒房，常见于中美洲和哥伦比亚等产豆国）对质量的提升，殷勤的园主以现做的墨西哥玉米饼搭配院子里栽种的新鲜蔬果，分享不同品种与改变部分处理法程序对风味的影响等，话题无限延展，午后，邻近还有另一位热诚的咖啡农正等着呢！

非洲则很不一样，寻豆者面对的情形是：

一、无熟悉的中南美洲庄园系统。

二、果实采摘后，挑战接踵而来，处理与后勤系统不太可靠，很多问题需要逐一解决。

三、市场对质量的预期与咖啡农的习惯落差极大，要达到预期，对咖啡农而言诱因要够大且拿得到，寻豆者要习惯不厌其烦的重复沟通过程。

但如果能克服上述困境与挑战，非洲的咖啡是绝对甜美的。东非咖啡有优质的花香与明亮、变化的风味，性价比是其他产区难以比拟的，所以非洲的确是寻豆者的藏宝地！

因此，在撰写《寻豆师：非洲咖啡指南》时，我希望帮助读者厘清两方面的知识：一、非洲四大产豆国的产区概述、产销体系、品种分类等；二、如何看待近年来风起云涌的新式处理法、价格炒到天上的品牌生豆及越来越刁钻的新品种。不论是个人寻豆或团队采购，唯有了解关于生豆质量与产区的第一手知识，在面对各种新浪潮时才能做出适合自己的选豆决策。

本书第一部分将带领大家来到精品咖啡的源头——非洲四国。非洲不仅是咖啡的发源地，更有众多饱满、优雅、多变、摄人心魂的美妙滋味等待探索。而且非洲早就经历过病虫害与气候的冲击，已有应战经验与可行对策，这或许为其他产豆国在应对气候冲击与病害危机时提供了良方。

关于非洲寻豆的信息一向较少，每户小农种植平均不到两百棵咖啡树，采收与精制处理的设备简陋，地方水洗站或合作社具有庞大的影响力。我将分享因担任卓越杯评审而频频造访的埃塞俄比亚、肯尼亚、卢旺达、布隆迪四国之实际体验，希望帮助寻豆师们找到香气与风味良好且价格宜人的咖啡，深度了解全世界咖啡源头的宝藏。

在《寻豆师：国际评审的中南美洲精品咖啡庄园报告书》中，我详细介绍了国际评审的杯测技法。但其实对寻豆师来说，杯测只是基本能力，挑豆的决策才是关键。寻豆师们最好建立属于自己的选豆模式，我会以两种选豆方式辅以说明，并列举著名案例，让你在选豆前能将情报分类，仔细分析后再下手，把握选豆风格的主动权，而非只是被动接受生豆商的推销。

人人都喜欢优异、出众的风味。若配合的农园能年复一年供给好豆，双方的长期采购关系固然可建立良性循环，但产出优质咖啡的过程很复杂。除了咖啡农努力不怠与细心的精制处理，当地风土、栽种品种与处理法是三大重点。风土指农园地块的独特性，品种与处理法更是咖啡农与寻豆者始终津津乐道的话题。在分析挑豆策略后，阐述影响风味至深的品种与处理法是本书第二部分的重中之重。

进入 2018 年，极端气候对品种考验更加严峻，巴拿马瑰夏种减产 40%，先前叶锈病席卷中美洲。在病害侵袭与连年产量下滑的双重影响下，波旁与铁皮卡的风味已不如刚踏出非洲时那般强劲与美味了。现今庄园主在面对气候变化与病虫害时纷纷思考着是否该更换栽种的品种，与品种息息相关的处理法也推陈出新，是否该追随尝试新的处理法呢？

近十年来，“90+”（Ninety plus，一家精品咖啡公司）的崛起及 2015 年的世界咖啡师大赛冠军沙夏·赛斯提（Sasa Sestic）所创建的

“原产地计划”（Project Origin）为精品生豆开出一条新路，师法红酒等领域采用先进的新式精制处理法，例如柴火干燥、二氧化碳浸渍等方式，还有已经在各产地大规模使用的酵母（发酵）技法的变化，都是新一代寻豆师在产区与风土之外必做的新功课。

本书将结合我在产区现场与国际活动中的经历，对品种受到的冲击与处理法的潮流进行论述。我常用这一架构与理念，在混沌如迷雾的市场氛围中辨识较清晰的轮廓，找出品种、处理法与最终风味的重大关联，并以此与生产者交换意见，提供信息，交换市场情报，与咖啡农讨论选种与处理法。唯有如此才能更深入地掌握风味和质量，确保双方的交易关系能够持续。

精品豆与商业豆的差异不只在于味道，从生产细节到桌上的饮品，精品咖啡有说不完、道不尽的感人情节，精彩的故事往往让顾客愿意主动与咖啡产业建立联结，这也是精品咖啡与商业咖啡的区别所在。

许宝霖于内罗毕与北欧团队的对话

2018 年

第一部分

非洲四大精品产豆国

Part I

埃塞俄比亚篇
肯尼亚篇
卢旺达篇
布隆迪篇

· 咖啡最古老的基因宝库 ·

埃塞俄比亚篇

ETHIOPIA CHAPTER

如果全世界的咖啡产区只能选一个，

我会毫不犹豫地挑埃塞俄比亚！

粗略熟悉咖啡史的读者都知道，埃塞俄比亚不但是咖啡的发源地，也是寻豆师眼中的圣地、咖啡基因的宝库。在埃塞俄比亚诞生的千千万万的咖啡树种中，光是铁皮卡与波旁两个品种在世界各地开枝散叶，即成就了全球欣欣向荣的精品咖啡产业。

1931 年，一个被挑选为测试研究用的地方种被辗转送到肯尼亚、乌干达、坦桑尼亚，又远渡重洋到哥斯达黎加的农业品种试验所，并在 1963 年被唐・帕契（Don Pachi Serracin）先生带到巴拿马栽种。但采收后测试风味时却令人大失所望，只得到了差评（Poor cup quality）。

但此种在巴拿马落地生根后，便有部分往更高海拔处扎根，终于在 2004 年的“最佳巴拿马”竞赛中一展芳华。随后，这个被外界称为瑰夏种的新锐咖啡品种不断打破竞标价格的纪录，今日已成为全球最贵的咖啡之一。

世界咖啡研究组织无法触及的秘境

一支因缘际会流到异国的品种即可创造传奇身价，也难怪早年埃塞俄比亚政府任由各国研究专家拿种取样，如今却严禁任何咖啡品种出口或基因采样，任何研究工作都必须获得中央政府许可，可谓管制森严。

至今仍有成千上万优异的品种散布于埃塞俄比亚各地的天然原始森林及咖啡庭园中，这里是阿拉比卡种无价的基因宝库。埃塞俄比亚不仅以咖啡母国为傲，也一向以非洲唯一未被殖民过的国度自许。是故迄今世界咖啡研究组织仍无法取得埃塞俄比亚政府的首肯进入基因宝库，只能在外围的南苏丹、刚果一带取种研发。

除了堪称无价的品种库，埃塞俄比亚生产的咖啡滋味美妙、丰富、变化多端，风味的深度、宽度、广度举世无敌。郭台铭先生曾说，阿里山神木之所以大，4000 年前种子掉到土里时就已决定了。或许数千年前，造物者决定把这些咖啡种子撒在埃塞俄比亚时，就已知道此地是保存美妙滋味的最佳之地。

埃塞俄比亚是东非的内陆大国，人口数已达1亿，土地面积约为110万平方公里，拥有丰富的地形与地貌。如果由高空鸟瞰埃塞俄比亚，可清晰看到东非大裂谷穿过其中，形成隆起的高山纵谷与连串的湖泊地形，包括东端的酷热沙漠与西南部瑰夏种起源的丛林地带——纵谷的高海拔山区是该国的咖啡带。

由于国土广大、地形各异，埃塞俄比亚拥有80多种不同的语言与独特文化。官方语言是属于闪语族的阿姆哈拉语，也是该国的通用语，但农村多数人仍讲部落语，所幸多数大城市居民与年轻受高等教育者都可用英语沟通。

埃塞俄比亚不仅是阿拉比卡种咖啡的发源地，也是世界上最古老的咖啡饮用国，每年生产的咖啡总量中有50%用于当地消费。因为深厚的传统，埃塞俄比亚特有的咖啡礼仪也非常引人入胜，在首都的饭店、机场，到处都有身着传统服饰的妇女现场表演咖啡仪式，提供咖啡给游客饮用。咖啡仪式不仅一日三巡，也是人际往来的必备礼仪。我常说："埃塞俄比亚拥有全世界最多的烘豆师，因为家家户户都在烘咖啡！"像埃塞俄比亚这种内需市场庞大，家家户户自行烘焙、照三餐饮用咖啡的国度，走遍世界也找不到第二个。

埃塞俄比亚独特的三巡咖啡礼仪

我在埃塞俄比亚常受邀参加咖啡仪式，喝传统的现煮咖啡，即著名的"三巡咖啡礼"。仪式由青草铺地表示慎重开始，紧接着烘焙生豆，焚烧香料，使用臼及杵来碾碎并研磨豆子，而后装粉入杰巴娜（Jebana）烧煮咖啡。杰巴娜指咖啡壶（壶身为黑色，有弧状壶嘴与握把，以红黏土烧制而

<
孔加（konga）合作社成员准备迎宾咖啡。用陶盘烘焙咖啡，以木材或煮饭后的剩余柴火作为热源。过程中会在柴火中投入各种香料引起烟雾，除了礼仪上的象征意义，也为了驱除虫蚊，只是烟雾弥漫，我曾被熏得眼泪直流。

>
煮好后开始用小瓷杯分杯，先给年长的长辈，接着给贵宾，最后才给年幼者。

成）。煮咖啡的妇女多穿着传统服饰。咖啡一定出三巡，第一巡叫“阿博”（abol），第二巡叫“托娜”（tona），第三巡叫“巴拉卡”（baraka）。咖啡煮好后会先在杯内加入两匙糖，通常会搭配各地传统点心。宾客通常待到第三巡后才离开，提早离席被视为不礼貌的行为。喝咖啡是邻里村落间联络友谊与讨论要事必备的仪式。

埃塞俄比亚 90% 以上的咖啡由小农户生产，大型农场只占 5%，多数咖啡农栽种面积小于 1 公顷，每天所得不到 1 美元。咖啡采收季由 8 月开始到来年 1 月。其中 73% 的咖啡采用日晒处理法处理，27% 是水洗与少量半水洗，水洗处理的咖啡价格比日晒平均高出两成。

埃塞俄比亚海拔高度在 550—2750 米的地区都可种植咖啡，但主产区的海拔高度介于1300—1800米之间，温度在15℃—25℃，土壤肥沃松软，咖啡树的根部可深达1.5米。产区以东非大裂谷为界线分布于两侧，集中于南方各族州（SNNPR）与奥罗米亚区（Oromia），95%的咖啡产自七个省：咖法、西达摩、伊鲁巴柏、瓦列加、歌德、哈雷汉。

在埃塞俄比亚各区生产的代表豆中，吉玛（产自奥罗米亚区与南方各族州）、西达摩（南方各族州）、耶加雪菲（南方各族州的西达摩省）和哈勒尔（奥罗米亚区）四款豆占出口总量的七成（埃塞俄比亚豆的出口需求见表1.1）。

表1.1 埃塞俄比亚咖啡豆的出口需求（2016年资料）

排名	出口国家	吨	销售额（美元）	百分比
1	德国	40 680	130 970 587	20%
2	沙特阿拉伯	37 340	113 934 887	18%
3	日本	18 489	57 486 113	9%
4	美国	17 870	94 974 207	9%
5	比利时	14 213	57 033 315	7%
6	法国	12 598	35 139 926	6%
7	韩国	9 467	41 480 264	5%
8	苏丹	8 726	17 909 628	4%
9	意大利	8 353	34 881 581	4%
10	英国	4 789	25 006 463	2%

八个步骤建立埃塞俄比亚精品咖啡数据库

为了深入了解埃塞俄比亚庞大、多元的咖啡族谱，2006年迄今，我以下列八个步骤逐一梳理并建构成埃塞俄比亚数据库：

步骤一：产区

步骤二：品种轮廓

步骤一：产区

前往埃塞俄比亚寻豆，必先了解产区。埃塞俄比亚的咖啡产量高居全球第五与非洲第一，但咖啡农主要的交易方式却是销售新鲜果实，以致国际市场的生豆价格很难与前端的产区联结，咖啡农的收入也无法提高。埃塞俄比亚政府为改变此种不公平现象，创办了埃塞俄比亚商品交易所（ECX），将传统咖啡产区划分为更细致的交易产区。买家必须熟悉其交易机制与交易系统下的产区名称，才有可能在茫茫豆海中发掘到好豆。

产区可是一门易懂难精的功课。就我十余年的非洲寻豆经验而言，虽说出口商常常自夸可供应任何一个产区的咖啡，但我却从没遇到过自称精通埃塞俄比亚各产区的专家。举例而言，光是西达摩一区就有数百个水洗站，在同一产季内遍访、记录、测试所有样品几乎是不可能的任务。

况且，买了西达摩，难道不买最出名的耶加雪菲吗？寻豆师除非仅购买特定产区内的咖啡，否则很难精熟产区。大多数来埃塞俄比亚的生豆采购者都有自己的路径与采购模式，想在此地建立起一个自己的供应渠道，没有三五年无法成功。

二十多年前，大家谈论或买卖埃塞俄比亚的产区豆时，皆以传统的哈勒尔、吉玛、耶加雪菲、西达摩等产区的为主，辅以处理法来与出口

商沟通与交易。各区的风味是人们对主要产区的基本认识，如哈勒尔的酒香蓝莓、耶加雪菲的茉莉花与柠檬感、吉玛的甜坚果与水果调、西达摩的橘子与含蓄花香、古吉的清新白花与果汁感、金比与列坎普地的淡雅果香与细致触感等。

但当精品咖啡的风潮吹进埃塞俄比亚后，水洗站（处理场）、合作社、小行政区（城镇或村落）、采收批次与编码等逐渐成为产区说明的必要信息，寻豆师不再满足于大产区的名称，更多的次产区名称走向前台，例如，耶加雪菲，可分为科契蕾（Kochere）与伟那够（Wenago）等小产区。2008 年埃塞俄比亚商品交易所成立之后，根据传统区域、新兴产区与各地仓储集散中心等信息重新编订了合约交易地与产区的分类方法：合约地所涵盖的小产区、标定的区域与咖啡实际生产地必须联结。埃塞俄比亚商品交易所也提供了关于精制处理与储存地的相关资料。

哈玛（Hama）合作社社员集会，发放糖果给小朋友。

现今，埃塞俄比亚官方与从事咖啡产业的农民、处理场及其他产业相关人士都知道好咖啡可卖好价格，古吉（Guji）与阿希西脉（West

ECX COFFEE CONTRACTS

1.3 EXPORT - SPECIALTY – UNWASHED				
Coffee Contract	Origin (Woreda or Zone)	Symbol	Grades	Delivery Centre
YIRGACHEFE A*	Yirgachefe	UYCA	Q1,Q2	Dilla
WENAGO A*	Wenago	UWNA	Q1,Q2	Dilla
KOCHERE A*	Kochere	UKCA	Q1, Q2	Dilla
GELENA ABAYA A*	Gelena/Abaya	UGAA	Q1, Q2	Dilla
YIRGACHEF B**	Yirgachefe	UYCB	Q1, Q2	Dilla
WENAGO B**	Wenago	UWNB	Q1, Q2	Dilla
KOCHERE B**	Kochere	UKCB	Q1, Q2	Dilla
GELENA ABAYA B**	Gelena/Abaya	UGAB	Q1, Q2	Dilla
GUJI	Oddo Shakiso, Addola Redi, Uraga, Kercha, Bule Hora	UGJ	Q1,Q2	Hawassa
SIDAMA A	Borena(except Gelena/Abaya), Benssa, Arroressa, Arbigona, Chire, Bona Zuria	USDA	Q1, Q2	Hawassa
SIDAMA B	Aleta Wendo, Dale, Chuko, Dara, Shebedino, Wensho, Loko Abaya, Amaro, Dilla zuria	USDB	Q1, Q2	Hawassa
SIDAMA C	Kembata &Timbaro, Wollaita	USDC	Q1, Q2	Soddo
SIDAMA D	W Arsi (Nansebo), Arsi (Chole)	USDD	Q1, Q2	Hawassa
SIDAMA E	S.Ari, N.Ari, Melo, Denba gofa, Geze gofa, Arbaminch zuria, Basketo, Derashe, Konso, Konta, Gena bosa, Esera	USDE	Q1 Q2	Soddo
JIMMA A	Limmu Seka, Limmu Kossa, Manna, Gomma, Gummay, Seka Chekoressa, Kersa, Shebe and Gera.	UBM	Q1, Q2	Bonga
JIMMA B	Bedelle, Noppa, Chorra, Yayo, Alle, didu Dedessa	UJMB	Q1, Q2	Bedelle
HARAR A	E.Harar, Gemechisa, Debesso, Gerawa, Gewgew and Dire Dawa Zuria	UHRA	Q1, Q2	Dire Dawa
HARAR B	West Hararghe	UHRB	Q1, Q2	Dire Dawa
HARAR C	Arssi Golgolcha	UHRC	Q1, Q2	Dire Dawa
BALE	Bale (Berbere, Delomena and Menangatu/Harena Buliki)).	UBL	Q1, Q2	Hawassa
HARAR E	Hirna, Messela	UHRE	Q1, Q2	Dire Dawa
KELEM WOLLEGA	Kelem Wollega	UKW	Q1, Q2	Gimbi
EAST WOLLEGA	East Wollega	UEW	Q1, Q2	Gimbi
GIMBI	West Wollega	UGM	Q1, Q2	Gimbi
GODERE	Mezenger (Godere)	UGD	Q1,Q2	Bonga

ECX Coffee Contracts: September, 2015 Page 3

埃塞俄比亚商品交易所咖啡采购合约书（水洗精品级合约/产区/等级/代码说明书）。资料来源：埃塞俄比亚商品交易所。

Arsi）等区的兴起都因以上信息逐步透明。根据埃塞俄比亚商品交易所的合约，咖啡可以分为商业咖啡、精品咖啡与当地规格三大类，尤以精

到底哪种产区名称才正确？

埃塞俄比亚的官方语言阿姆哈拉语与西方主流的罗马字母不同，且当地对翻译成英文的词语没有统一的国际标准。这表示在埃塞俄比亚会看到许多不同拼法的地名，例如著名的咖啡小镇耶加雪菲就有以下多种拼法：Yirgacheffe、Yirgachefe、Yergacheffe、Yergachefe。这是当地人将发音以罗马字母拼出的结果，而非拼法错误。

除了耶加雪菲外，吉玛的拼法有 Djim、Jimma、Jima；西达摩则多拼成 Sidama 或 Sidamo；哈瓦萨拼成 Awassa 或 Hawassa；列坎普地则有 Nekempti、Nekempt、Lekempti、Lekempt 等多种拼法。

以下为埃塞俄比亚主要产区的常见拼法：

西达摩（Sidamo）
耶加雪菲（Yirgacheffe）
古吉（Guji）
哈勒尔（Harrar）
里姆（Limu）
吉玛（Djimma）
列坎普地（Lekempti）
瓦列加（Wallega）
金比（Gimbi）

<
西达摩区农民正将采收的果实运往水洗站。

>
西达摩区合作社工作人员给果实称重。

品的分类最细、质量规范最严谨。而埃塞俄比亚商品交易所的新增区域已逐渐吸引买家到访。深入埃塞俄比亚前，了解传统产区与埃塞俄比亚商品交易所合约产区的分别非常有必要。

埃塞俄比亚商品交易所交易产区介绍

埃塞俄比亚商品交易所于2015年开始将该国的水洗类精品咖啡再细分为25个类别，主要是依据生产区域，也包括风味，例如“传统耶加雪菲风味”为Yirgacheffe A，“非耶加雪菲风味”为Yirgacheffe B，再按照质量分为Q1与Q2两个等级。

再以西达摩区为例，其五大产区各有次产区，例如西达摩A区下有六个次产区。其余各区的次产区详情如表1.2：

表1.2 西达摩区的产区详情

西达摩的分区	次产区	集货地
西达摩 A 区	Borena、Benssa、Chire、Bona Zuria、Arroressa、Arbigona	哈瓦萨
西达摩 B 区	AletaWendo、Dale、Chuko、Dara、Shebedino、Wensho、Loko Abaya、Amaro、Dilla Zuria	哈瓦萨
西达摩 C 区	Kembata & Timbaro、Wellayta	Soddo
西达摩 D 区	WestArsi（Nansebo）、Arsi（Chole）、Bale	哈瓦萨
西达摩 E 区	South Omo、Gamogoffa	Soddo

当某区水洗站数目逐渐增加且生豆交易量日增后，埃塞俄比亚商品交易所会另辟一区，例如古吉即是近年才由西达摩A区分出的新区域，近三年来我在古吉区采购了不少极优批次。在还未成为独立产区之前，古吉对外以西达摩或耶加雪菲为名，其实都无法代表该区的区域特色。将古吉区独立出来不但是还该区农民一个公道，也让国际买家了解埃塞俄比亚还有上百个小产区值得前往寻豆。

耶加雪菲产区

耶加雪菲位于埃塞俄比亚南部的西达摩省，其水洗豆的精致风味闻名全球，该区被埃塞俄比亚商品交易所细分为四个微型区域，大部分咖啡都生长在海拔 1800 米以上的地区。耶加雪菲区因长年垦殖，森林面积逐渐减少，属于人口稠密区，主要栽培模式仍以庭园栽植为主。该地区有 40 个合作社、约 6 万农民与近 7 万公顷的咖啡栽种地。2006 年迄今，我拜访过近 20 个合作社及其处理场。近年来，蓬勃发展的私人水洗站成为精品咖啡的重要催化剂，例如开始采用蜜处理法或定制微量批次，相比之下，合作社的发展比私人水洗站缓慢许多。

随着耶加雪菲越来越热门，埃塞俄比亚商品交易所也在近年开始将产区细分。早年科契蕾区的咖啡仅以耶加雪菲为名贩卖，如今以科契蕾区之名销售，欧舍直接采购且得到许多好评的哈玛其实就在科契蕾区。该区已成为非常重要的水洗产区。近年耶加雪菲区新增伟那够 A 区与伟那够 B 区，并另增 Gelena Abaya A、Gelana、Gelena Abaya B。这表明交易产区细分已是大势所趋。随着更多的水洗站设置于科契蕾区的歌德，未来极有可能在科契蕾东南方再分出新的合约交易产区。

柯蕾水洗站的蜜处理棚架。

步骤二：品种轮廓

埃塞俄比亚常见品种可以分为两大类：当地原始种和吉玛农业研究中心释出种（JARC Released variety）。

埃塞俄比亚当地的咖啡农称咖啡为“布娜”（buna），“布娜”其实就是“咖啡”的意思，并非品种名。因为缺乏详尽的品种名称，各国豆商习惯以原生种 Heirloom 泛称埃塞俄比亚品种。虽然埃塞俄比亚咖啡没有传统优质古种的雅誉，但不表示品种信息完全匮乏。世人所熟知的波旁与铁皮卡两大品种，在当地仅被当作咖啡树是绿芽还是铜芽的表征，而非品种名称。各地农户的种子多来自当地育种者。育种者的第一代种子通常来自山区原始林，取强壮且收获量高的树种，这就是当地原始种的由来，多以当地语言称之。品种另一大类来自吉玛农业研究中心。细究各地品种名称，有来自地名、人名、树名等，以下介绍常见的品种。

当地原始种

西达摩区与耶加雪菲区的答加（Dega）、瓦立休（Wolisho）、库鲁麦（Kurume）。

哈拉区的辛给（Shinkyi）、阿巴则（Abadir）、葛拉洽（Guracha）。

西区与西南区的珊帝（Sinde）、葛图（Gotu）、库布立（Kuburi）、咪亚（Mia）。

吉玛农业研究中心释出良种 74110、74112、74148、74158

吉玛农业研究中心分别于 1974 年与 1975 年释出了 13 个可对抗炭疽病的改良品种。品种名称为数字编码，如 74110、74112、74148、74158。以上 4 个释出品种是从默图区（Metu）采集的原生种，经过研究分析证实有抗病性后释出种子给各区农民，前两位数“74”表示1974年。

下表中的第二列为品种名，第三列、第四列是释出的年份及其产能（公斤/公顷），最右边是海拔区间。编号1至3的Ababuna、Melko CH2、Gawe分别于1997年与2002年释出（见表1.3），适合栽种在中高海拔地区，属于中高产能的品种。编号4至6的EIAR50-CH、Melko-Ibsitu、Tepi-CH5较适合栽种于低海拔地区，但产量更高，属于耐旱的品种。

表1.3 埃塞俄比亚杂交品种开发育种计划公布的品种清单

编号	品种名	释出年份	产能（公斤/公顷）	海拔区间（米）
1	Ababuna	1997	2380	1500—1752
2	Melko CH2	1997	2400	1500—1752
3	Gawe	2002	2610	1500—1752
4	EIAR50-CH	2016	2650	1000—1752
5	Melko-Ibsitu	2016	2490	1000—1752
6	Tepi-CH5	2016	2340	1000—1752

注：1000—1752和1500—1752分别代表该国咖啡产地的中低海拔和中海拔地区。

耶加雪菲区的安尬发品种。

吉玛农业研究中心专研咖啡品种逾 40 年，陆续研发出可抗叶锈病的品种群。因精品咖啡的兴起，研究中心在 2002 年推出“当地强种发展项目”（LLDP），选出适应各产区且高质量的优良品种。专家称为“吉玛农业研究中心精品种”系列，著名的品种包括：

哈勒尔区的哈鲁莎（Harusa）、摩卡（Mocha）、慕图（Bultum）；

西达摩与耶加雪菲区的柯提（Koti）、欧迪洽（Odicha）、安尬发（Angafa，如 014 页图）、发雅提（Fayate）；

瓦列加区的珊蒂（Sende）、恰拉（Challa）、玛拉希姆（Manasibu）；

给拉区（Gera）的雾溪雾溪（Wush Wush）、雅契（Yachi）。

步骤三：栽种

埃塞俄比亚栽种咖啡的六大模式

埃塞俄比亚的栽种模式复杂，从原始林内的野生咖啡到与之形成强烈对比的全日照皆有。通常人们根据咖啡的遮阴程度来区分两大栽种环境：第一类是有遮阴树的森林地区环境（全遮阴或半遮阴），第二类是直接在全日照的环境下（如哈拉地区）生长的。在两大环境的基础上有六种栽种模式。

一、森林遮阴咖啡。分为森林内生长或半遮阴，前者属于全遮阴，特意选址人工栽种或传统的野生咖啡树都有。野生咖啡树通常缺乏人照顾，自然生长于山区的森林内，果实成熟后附近的居民前来采收，补贴家用。如果是在接近森林的环境中种植，通常咖啡树周边栽种的遮阴树都是有经济价值、可外卖或供自家用的果树。半遮阴环境周边的树林较少，人们会多种一些咖啡树，也会略整理周边的杂草并做基础管理，达到提高产量的目的。

二、全日照咖啡。咖啡树周边无森林或遮阴树。日照咖啡通常于庭园中少量栽种，位于1700—2000米的高海拔区域，尤以哈拉地区为多。

三、庭园栽种咖啡。这种咖啡树顾名思义栽种在靠近住家之处，通常每户仅百棵，且多与其他可采收的农作物混合栽种，采收的农作物与咖啡果实可自用或送到市场销售来补贴收入，半遮阴或全日晒都有。

四、农林复合系统。面积多数为1/4公顷，以当地传统树种或果树为遮阴树，以遮阴或半遮阴的方式栽种，采用这种方式的多为专业咖啡农，尤以西达摩与耶加雪菲名气最大。

五、咖啡农场/地块。私人（或企业）拥有的专属庄园或生产区块，经政府核准者拥有直接销售许可，面积通常在10公顷以上。

六、大型种植园。栽种面积多在50公顷以上。

步骤四：处理法

埃塞俄比亚多数产区皆可找到水洗豆，哈拉与吉玛以传统日晒法闻名。在有稳定且易取得水源的地方可发现两种处理法并存，例如吉玛与西达摩区。

埃塞俄比亚的水洗法都在水洗站集中进行，大多是以碟式去皮机先去掉果皮与部分果肉，再放置于发酵槽内发酵的传统水洗法。

水洗法流程

水洗站工人接收果实后，先将果实倒入接收槽预浸，筛选杂物或去掉较轻的未熟豆（如果采用日晒法，工人会将果实置入类似大澡盆的蓝色水槽预浸，去掉较轻的果实或杂物）。

而后成熟果实被送入碟式去皮机。机器通常以三个或五个可调整间距的盘片构成。果实由上方或前端倒入，经过盘片研磨即可去掉果皮与多数果肉。借控制盘片间距，可避免果壳（羊皮层）破裂。

果实经去皮机去皮成为带壳豆，表面仍有黏质层，去皮后的带壳豆会依密度被导入不同的发酵槽，接着静置于水下 48—72 小时，进行沉水发酵。

发酵完成后，带壳豆被导入另一个水槽，注入干净水并静置约 4—8 小时（依环境与作业状况调整放置于槽内的时间）。

静置后的带壳豆借由水流与清洗渠道进行反复刷洗。清洗渠道的设计是以带壳豆的密度来区分良莠。浮在水上的是密度低、重量较轻的次级品，会被淘汰并进入另一个收集渠道。

发酵槽与周边设施。

其余果实经过刷洗后会流入集中槽内，此时果胶层已完全脱离，由工人将槽内带壳豆捞起，并进行后续干燥工作。

而后工人要接着进行沥水，将带壳豆由集中槽移至架网的棚架，让水分尽量滴干。其时间不长，多数豆表水分滴干即完成。

最后将带壳豆移至棚架进行日晒干燥。日晒完成时间取决于温度和天气，并以设定的含水率为日晒阶段完成的指标。

与他国水洗法比较

埃塞俄比亚的发酵法属于水下发酵，即发酵槽内的水会淹过带壳豆，与中美洲流行的无水甚至干式发酵不同。水洗站在发酵结束后，会将带壳豆引进另一水槽，并在槽中注入干净水，浸泡 4—8 小时后，将豆子引入清洗通道，以流动的水加上工人用木桨引导前进，淘汰密度不足的豆子，也会将刷洗过的带壳豆引到水槽内，这与肯尼亚式的双重浸渍方法不同。静置后将豆表水分滴干，移到棚架进行后段日晒，待含水率降至 11.5% 后，装袋移到阴凉的仓库静置。

<
发酵后引入静置槽，注入干净水，放置约 4—8 小时。

—
渠道刷洗残留的黏质，带壳豆因密度不同而流入不同接收槽。

>
接收槽，工人捞起洗净的带壳豆，人工接力送往棚架干燥

^
用于滴干水分的棚架。此种棚架以大网目的铁丝网为底，目的是让水快速滴干。

v
滴干水分后，移往铺较细网目铁丝网的棚架进行后续日晒。

调整式水洗法

在中南美洲常见的环保、省水的去黏膜机也逐渐被埃塞俄比亚处理场采用。将成熟的咖啡果实由机器上方倒入，借由机器中的离心设备，将果皮、果肉与黏质层逐一去除。机器可设定保留部分比例的黏质层。中美洲多数的蜜处理都是以此原理处理的，最著名的是哥伦比亚的 Penagos 公司，使用这种去黏膜机，处理场可以节省一至两天的发酵槽作业时间。水洗完成后将咖啡果实浸入渠道刷净并滴干，即进入干燥阶段——有棚架式全日晒合机器烘干与日晒混合两种干燥方式。棚架式全日晒可再细分为两种，一是直接在棚架上摊开日晒，二是先在阴凉处自然风干表面水分 1—2 小时，再进行日晒。棚架式日晒是将已滴干表面水分的带壳豆直接摊在棚架上日晒，需 10—20 天，根据天气情况与含水率决定时长。

棚架式全日晒是将已滴干表面水分的带壳豆直接摊在棚架上日晒，需 10—20 天，根据天气情况与含水率决定时长。

日晒豆的制程

70%以上的埃塞俄比亚咖啡采用日晒处理法。传统做法是咖啡农在自家庭院、屋顶甚至马路边简易曝晒。日晒处理成本虽比水洗法低，但水洗站或合作社处理日晒豆需要投入的人力与设施成本仍然庞大，此种日晒豆多数以出口为目的；埃塞俄比亚盛行喝咖啡，个体户式的日晒法以国内消费为主。长期以来，埃塞俄比亚日晒豆质量不均，其实与国内消费量庞大及传统日晒法过于粗糙关系密切。

水洗站与合作社处理的日晒豆质量可靠许多。从果实刚摘下进行曝晒算起，所需天数甚多。某些水洗与日晒并行的处理场或合作社通常会把日晒处理放在水洗豆的主产季后，这样才能有效地分配人力与棚架。

日晒天数不同（依送达日计算），咖啡果实的颜色也不同。

虽然家庭式日晒豆是处理成本最低的，但好的日晒豆价钱并不便宜。如今追逐高质量的日晒豆蔚然成风，买家愿开出较高价钱，处理场的意愿已经超过以往。但水洗站不会全面采用日晒处理法，因为日晒豆不但需要更多的制作天数，还要求工人每日频繁翻动，人力成本很高，加上处理中的变量风险颇高，稍不小心就会引起质量丕变。精品级日晒豆价格不菲，确实一分钱一分货。

日晒豆的生产充满挑战

第一步要筛出杂质与未熟果，仅留下质量好的果实进行日晒。

第二步有几种做法，一种是一开始以非直接日晒方式，将果实放置于略阴凉处风干，先降低含水率，隔天再进行日晒，目的是避免第一天

日晒接近完成阶段的颜色。

过度强烈的日照导致豆体过度变化。另一种是第一天频繁翻动，避免豆体单一面受日照过久导致曝晒不均。

第三步，每天定时翻动，在豆体含水率降至25%之前都需要人工均匀翻动。

第四步，由红色的果实开始曝晒，到含水率降至25%为第一阶段，再持续日晒，待含水率降至11.5%—12%为第二阶段，之后将带壳豆装袋送至阴凉处静置。

第五步，将带壳豆送到首都的干处理场进行后段脱壳分级的干处理，并装袋仓储。

日晒法的每一阶段都非常重要，制作高质量的日晒精品豆则必须采用薄层日晒，第一阶段需要每30—60分钟以手翻动一次，避免产生令人不愉悦的重发酵味；第二阶段除了不间断地翻动，也要在中午与晚上静置，如遇下雨或露水，要覆盖塑料布保持干燥。

步骤五：生豆分级

埃塞俄比亚生豆分级

埃塞俄比亚咖啡局的分级是根据杯测与生豆品质两大标准判定的：

一、杯测品质： 依生豆干净度、产区特色、杯测风味、该豆特色鉴定。

二、生豆品质： 除了杯测口感，还需依抽样的生豆缺点状况进行分级。

随机抽取300克生豆检测，根据取样算出的缺点数进行分级，埃塞俄比亚咖啡共分9级：精品等级为G1、G2，其他级数为G3—G9，G6后的级数仅限国内市场，埃塞俄比亚商品交易所成立后，针对精品豆另外分了Q1和Q2两个级别，寻豆者在埃塞俄比亚其实不依赖Q1或Q2的官方级数，多依靠实际杯测的质量结果，辅以检视生豆。

^
埃塞俄比亚商品交易所成立后的首度拍卖会。

v
迪拉是前往耶加雪菲前的重镇，照片为迪拉镇上的埃塞俄比亚商品交易所交易的电子广告牌。

埃塞俄比亚商品交易所新制

2008 年，在美国国际开发署的协助下，埃塞俄比亚成立了国营的商品交易所，致力于交易透明化，让农民有合理的收入，也让政府清楚市场的流量、掌握埃塞俄比亚最重要的外汇收入。埃塞俄比亚几乎以小农经济为主，在全国主要产区设交易站让收价与交易都能得到国家的保证。按规定，全国的咖啡交易都必须通过交易所，仅有极少数私人农场或生产合作社可直接与国外买家交易。

虽说用意良善，但埃塞俄比亚商品交易所的许多规范与国际精品买家的逻辑背道而驰。例如埃塞俄比亚商品交易所认为来自同一产区同一等级的生豆应该都具备可取代性，较早采收于12月的批次与来年2月的批次之间不应该有所不同。只要生豆豆体外观、缺点属于同一等级、同一法定标示产区，就会将其列为相同等级的咖啡，此一分级法未将不同批次的风味特性考虑在内。自2010年起，之前兴盛的水洗站品牌采购模式一夜消失，虽后来迫于国际压力，埃塞俄比亚商品交易所勉强同

埃塞俄比亚商品交易所的运作模式与整体咖啡价值链

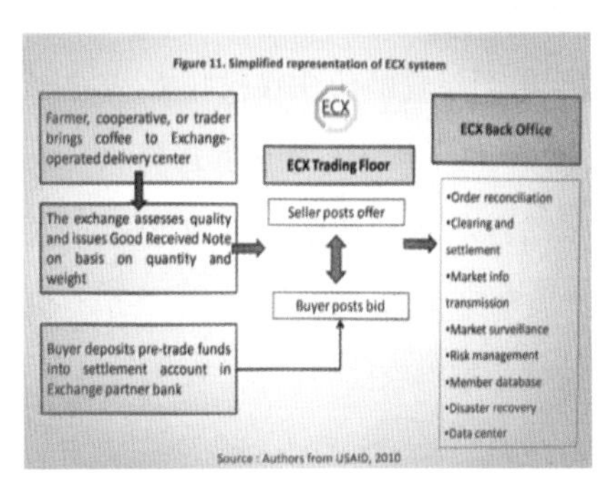

左图为埃塞俄比亚商品交易所的运作系统。左边表示农户、合作社、商人交带壳豆到交易所在各地区的分站→分站标示初步质量与重量→回报交易所；买家必须先在交易所有保证户头→看供应清单来下标。

右图为交易所与大型合作社、私有农场及精品直接贸易（DST）系统的整体交易价值链的运作流程。所有出口咖啡都必须经过地区的交易所办公室确认质量与重量，才可以安排运往首都及下一步的交易动作，交易前都必须送到咖啡杯测品质鉴定中心（CLU）去做最后的质量鉴定或抽检才可安排装袋与出口。

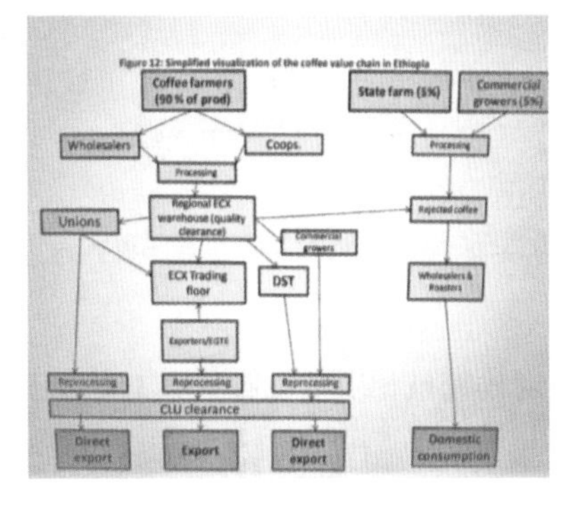

2017年的新公告，重新开放精品批次的直接销售并标示可辨识生产源头的信息。

意买家买下生豆后查阅源头的水洗站资料，但仍难以解决国际买家在寻豆现场碰到的信息不透明的问题。

幸好这项规定从 2017 年开始有了重大改变。埃塞俄比亚总理办公室努力调整政策、迎合趋势，交易所于 2017 年公布的第 1051 号公告让全球精品咖啡圈兴奋起来。微量且可追溯到源头的精品咖啡又可以交易了，但下单前必须留意，现今虽然能直接采购咖啡，但批次备妥且留样后，如三日内未能履约，该批次仍需通过埃塞俄比亚商品交易所进行交易。

坦白说，埃塞俄比亚商品交易所的交易模式没有错。我在迪拉（Dilla）的交易所外亲眼看到交易所的标示与广播的价格轻易让农民比以往多出 20% 的收入，在产区收购果实的掮客的威吓手段已经失效。咖啡出口占埃塞俄比亚外汇收入的 25%，政府提出的改革措施对产业环境长期有利，经过微调后更有助于各国寻豆师前往寻找好货。

买家在交易所平台仅能看到交易产区的标识，无法实现溯源（identity-preserved，简称 IP），对精品咖啡采购者来说 IP 是必备的信息，国际买家通常支付较高价钱给能辨识源头的优质咖啡。如今咖啡出口商终于有机会向国外买家出售 IP 咖啡，此一新制达成买家与农民的双赢，值得喝彩。

步骤六：采购流程

采购埃塞俄比亚精品咖啡的心得与流程

对埃塞俄比亚的咖啡族谱有较全面的了解后，就要进入采购流程与注意事项了。走访埃塞俄比亚可以三天一个产区（搭国内班机）或七天一个产区，如欲同时探访知名的耶加雪菲、古吉与吉玛三区，则至少需十天才有机会访遍三区重要的处理站，而同样的时间在卢旺达或布隆迪几乎可走遍全国主要的水洗站了。出发前的安排很重要，在埃塞俄比亚寻豆，就要不断移动并面对复杂的产区状况。

过去十一年里，我把重点放在西南部诸区，如吉玛、帖辟（Teppi）、邦加（Bonga）、里姆、耶加雪菲、古吉、西达摩及一些新兴区域或独立农园。以下七点是我走访产区的心得：

一、要高于商业豆的市价采购，通常要在合作社标示的公平交易价的 50% 以上。

二、麻袋标示的名称与级数不一定反映质量，不要执着于中南美洲的庄园模式，在埃塞俄比亚，一户咖啡农所生产的可能仅占一袋咖啡中的数百克而已，聚焦于合作社、处理场的质量更可行。必须建立水洗站、私有农园或中大型农场的杯测数据库与评价系统，并以此作为质量源头的标示。Q1 或 G1 的级数不一定代表高质量的精品批次，需直接以杯测鉴定的结果为准，尤其 2017 年埃塞俄比亚政府解禁并允许直接交易后，有利于寻找好豆。

三、知道要找的风味特征。在埃塞俄比亚几乎可找到各种风味轮廓

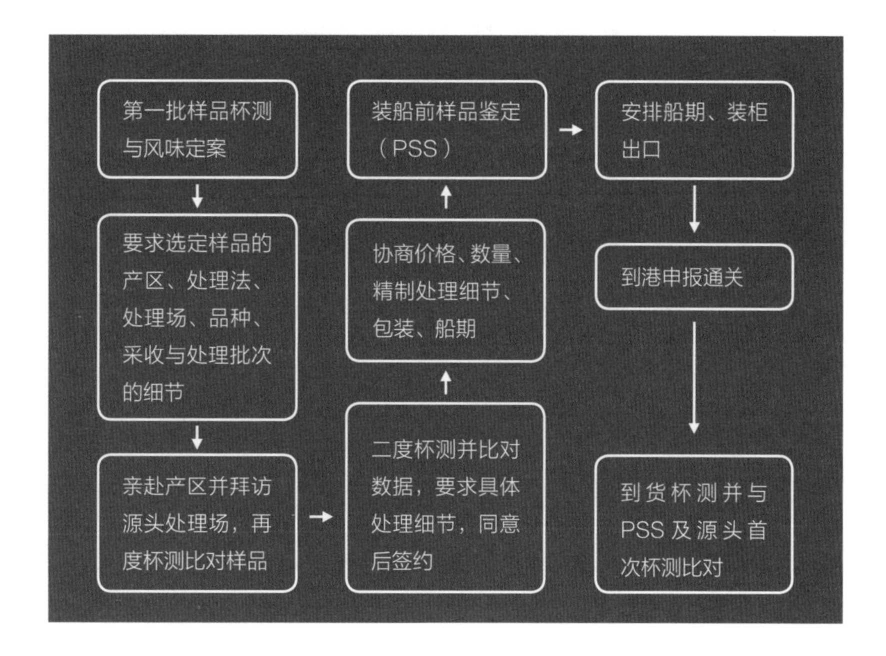

埃塞俄比亚咖啡采购与杯测时间流程图。

咖啡杯测品质鉴定中心与咖啡拍卖局

2008 年起，咖啡拍卖局的工作已经由埃塞俄比亚商品交易所接手，以下照片显示的是当年传统的拍卖方式。隶属埃塞俄比亚国家农业单位的咖啡杯测品质鉴定中心仍扮演重要角色。

<

作者于埃塞俄比亚的咖啡杯测品质鉴定中心杯测。

>

投标现场，以传统人工喊标与举牌竞标模式进行。

v

经过咖啡杯测品质鉴定中心检测后，待标咖啡会提供样品供投标商检视。

资料中的咖啡，这点举世罕见。寻豆师可参考精品咖啡协会（SCA）或是美国反文化咖啡公司所出的风味轮廓图，建立自己的采购方向。以欧舍来说，我们要找的水洗豆需有着干净度与带有甜度的明亮酸，日晒豆需有热带水果甜或干净的香料味与厚实的油脂触感。

四、要将采购想法完整呈现给卖家，包括水洗站、咖啡农场、合作社或出口商。主事者都会想知道你最终的采购方向及数量，让他们决定如何配合后续的交易。

五、练习选豆而不选名气。一切皆以盲测分数为准，欧舍标准是以卓越杯评分 84 分为挑豆基础，即使在我们极度喜爱的哈玛合作社也要随机编码杯测，质量鉴定结束才知道是否选中。

六、慎选当地伙伴。当地合作方必须有良好的信用口碑，当地伙伴在选豆前后都很重要，好的伙伴才能协助并确定生豆在首都的装柜情况良好，在吉布提平安上船。

七、信息回馈。收集咖啡在烘焙上市后的评价，将顾客评价信息与卖家交流，有助于建立长期合作关系。

步骤七：寻豆案例

《寻豆师：国际评审的中南美洲精品咖啡庄园报告书》中的中南美洲庄园寻豆之旅看来尽是好山好水好咖啡的美好旅程，但请别把同样的情境套用在埃塞俄比亚。新手碰到不愉快的事或令人失望透顶的咖啡是家常便饭，因此我特别将历来寻豆或采购的产区与合作社收录在本书中，并佐以案例分析，希望对想要了解埃塞俄比亚咖啡的爱好者或寻豆师们有所帮助。

我将埃塞俄比亚的寻豆路径分为西南段、南段及东南与东部段三种行程：西南段往吉玛、帖辟、邦加、里姆等产区；南段则有大家较熟悉的耶加雪菲、古吉、西达摩；东南段属阿希西脉，东段为哈拉产区。一次寻

豆宜深度探访一两段，若想一次遍访三段，就要有停留两星期以上的心理准备。

寻豆案例（1）：邦加与咖法的西南段路线

咖法省是公认的阿拉比卡种咖啡的发源地，首府即吉玛，但在产区分类上如提到了“咖法”（Kaffa），则是野生咖啡的泛称，而不是指咖法省所产的咖啡，而本区野生咖啡实际的主产地是在邦加镇。

由首都出发前往咖法省邦加镇（此区皆属于南方各族州）。咖法省有约90万人，邦加镇有约3万人，到此寻豆可以吉玛为据点。我们抵达咖法省时接近黄昏，随处可见当地政府制作的大型广告牌骄傲地宣称此地是咖啡发源地。传说近千年前牧羊童加尔第就是在附近山区牧羊时，发现羊群吃了咖啡果实后兴奋得彼此以角撞击玩耍。虽然传说真假仍待商榷，但此一场景我在埃塞俄比亚寻豆时至少见过三次，有时羊群就在马路中彼此争斗起来。

<
于咖法省孟祺拉（Mankira），广告牌处是一座简陋的加油站，只有两只狗、一位无聊的工作人员及默默吃草的牛。

>
咖法省邦加初级合作社由居民入山摘取果实，照片拍的是山区的野生咖啡树种。

野生咖啡的危机

野生咖啡多生长在森林内（亦是森林咖啡的一种），是山林内乏人照料的咖啡树，咖啡果实熟透落地后又反复生长。邻近居民会在熟成期上山入林直接采摘，或捡拾落地熟透的果实，带到镇上卖给收购的掮客。

麻袋上清楚标示邦加日晒，以吉玛为集散地，最上方是SCFCU，代表属于西达摩合作社联盟。

野生咖啡听来浪漫，但质量差别很大。原因有很多，主要在于把关不严。通常掮客会抱怨农民未挑拣质量较好的果实，因此收购价钱很低，而当地农户不知真正的收购行情，虽抱怨也只能配合；良莠不齐的果实集中进行日晒处理时，控管不好，质量自然堪忧，这也造成野生咖啡质量的恶性循环。唯独成熟、主产期的野生咖啡偶有佳品，但能不能碰上全靠运气。

基于以上因素，政府与非营利组织开始介入，一方面希望提升野生咖啡的质量，另一方面因为埃塞俄比亚的森林面积正大量减少，这是由

野生咖啡杯测资料

名称：野生摩卡

生产地：邦加镇（该镇周边依地形与海拔有四个野生咖啡原始林，海拔最高的是 Koma 原始林，高达 1800—2300 米，本区位于邦加西北方约 20 公里）

品种：当地野生种

干香：香料甜、些微薄荷香、熟果、甜瓜、坚果

湿香：油脂、甜水果、香料

啜吸：油脂佳、坚果甜、巧克力、些微柚子酸、西瓜甜、香料、茶感、坚果

风味分析：坚果、香料、柠檬类表皮苦味

于收入太低的居民砍林木当作免费燃料。只有让居民转为采摘野生咖啡来改善生活而避免不当砍伐，保护森林与野生咖啡方能实现良性循环。

早年买野生咖啡好坏纯靠运气，但经过多次探访后有了一些心得。如今，我会先在产区找采购代表或水洗站一起鉴定质量，并找能提供大批次质量高且能提前拿到样品进行杯测的合作社采购，这样不但有较为清晰的生产信息，也能避免踩雷。

早年我也曾采购仅标示出口商名称的野生咖啡，麻袋上的资料匮乏，不过这不一定表示咖啡的质量差。请尽量拿到同批次的样品先测再订，才不会交太多“学费”。以 2008 年我曾采购的两批野生咖啡为例。这一批次为西达摩合作社联盟（SCFCU）旗下的邦加镇野生咖啡，虽符合我的采购模式，但没测样品前无法确认质量是否达标。虽说当年的环境很难事先拿到样品进行杯测，但就以下数据来说杯测在 80 分左右，尚属精品。

寻豆案例（2）：吉玛路线

30 年前，吉玛咖啡以其地名“Jimma”或“Djimma”闻名于世。此地有水洗和日晒两大处理法，常于麻布袋上标示“Jimma Washed”或“Jimma Unwashed”，前者是水洗处理的吉玛生豆，后者是日晒处理的。2020 年初，我再度拜访吉玛，往西走至最西边的给拉区。

埃塞俄比亚传统西南方产区以里姆与吉玛最为知名，里姆一般指水洗豆，而吉玛则表示日晒豆。如今此分类已被打散，吉玛目前指的是行政中心，多用“Jimma”来描述产区或处理场所在的位置，例如吉玛往东的柯莎区（Kersa），或是往西的安加罗区（Agaro），以小区的地名辅以处理场名称，让买家更容易辨识咖啡产自哪里。埃塞俄比亚商品交易所成立后不再采用传统分类，改用“里姆 A 区”或“里姆 B 区”来取代传统产区标示。如今吉玛区周边也有不少水洗站，吉玛不仅有日晒豆，也常见优异的水洗豆。以我常拜访的区域来说，里姆 A 区包括了给拉、戈玛（Goma）、柯

莎、卡萨（Kossa）、安加罗等区。由吉玛往安加罗的路况还算不错，但通往高海拔区的路况就较颠簸了，沿途若前方有车还会吃灰尘。

吉玛也被翻译成季马，但如果指的是季马咖啡，则拼法为“Djimmah”才更准确，埃塞俄比亚的语言译成英文并无统一标准，因此我们在地图或当地标识上往往可以看到不同的拼法。

由首都亚的斯亚贝巴前往吉玛，资料上写的是约 6 小时车程，但实际上得花 8 个小时才能到达。吉玛有国内线机场，若时间紧迫可搭小飞机。吉玛为埃塞俄比亚三大咖啡重镇之一，是日晒豆的重要集散地，加上前往周边产区也必须经过此地，许多寻豆师拜访吉玛后会接着再访咖啡发源地咖法省孟祺拉，时间允许的话会再前往瑰夏种发源地并拜访知名的瑰夏村庄园，或者去拜访吉玛农业研究中心等地。

吉玛不仅产日晒豆，也产水洗豆，前段咖法之旅中提到的野生咖啡也需经过吉玛再运往首都商品交易所与咖啡杯测品质鉴定中心。吉玛有相当多的合作社，亦不乏私人咖啡园与中型农场，都具备直接出口的条件。

吉玛咖啡在国际市场的知名度很高，埃塞俄比亚商品交易所在吉玛的分站非常忙碌，在这里出产与集散的咖啡曾占埃塞俄比亚总量的一半，足见其重要性。吉玛周边产区的海拔约为 1300—1800 米，商业豆居多，但近年来私人农场与合作社已开始发展质量较好的 G1 和 G2 等级，一般仍以 G3—G5 为大宗。传统日晒吉玛有浓郁的熟果、酒香和

<
在离开首都亚的斯亚贝巴前往吉玛后不久，即展开越野的行程。

>
吉玛广场前的街景。

^
和里姆柯莎处理场的工作人员合照。

v
里姆柯莎当地处理场的接收站。

粗犷的土矿味，其特殊风味早已深入人心。

2006年首访吉玛时，我以为日晒豆多少会有些许白豆掺杂，日晒豆的干净度不如水洗豆，但深入了解本区后才明白传统观念并不正确。只要好好把关，吉玛日晒豆确实有细腻的香气与绝佳的干净度。许多人挑埃塞俄比亚的日晒豆时多选西达摩或耶加雪菲，但深入了解日晒豆的处理过程后会发现好的质量远比产区重要。近年来我屡次发现两大名产区中不乏发酵味明显、酒味过于狂野、土质味刺鼻、香料味略重或水果味过熟的批次。这都是因为咖啡果实在采收阶段缺乏仔细筛选的过程，加上大量堆积、翻动频率过低、因天气不佳而受潮霉化等种种因素。现今市场对高质量日晒豆的需求逐渐提升，在吉玛区绝对可以找到上等的日晒豆批次。

此外，里姆（吉玛）水洗豆虽不同于耶加雪菲，要想买到细腻系花香与莓果调的生豆也不难。如要花香柑橘调，可优先考虑西达摩或耶加雪菲；要挑干净细致且价格便宜的精品，里姆（吉玛）水洗豆足可满足需求。当地合作社的生产质量已逐步提升，知名的“安加罗吉玛”（Agaro Jimma）便以蜂蜜与桃子甜出名，价格不见得比耶加雪菲便宜。

2010年2月，在首都亚的斯亚贝巴的埃塞俄比亚商品交易所咖啡交易大楼，举办了首场精品直接贸易竞标。这是埃塞俄比亚商品交易所为了弥补原交易制度的不足而在国际咖啡圈呼吁下再度启用的精品咖啡竞标模式，欧舍也应邀参加了这场盛会。

首场精品直接贸易竞标中，里姆尼古斯烈玛的麻袋外观，这一批次的紫罗兰花香、干净桃子、杧果与香草味，令人至今难忘。

2010 年精品直接贸易竞标日晒里姆 G3 资料

产区： Mitto Gunnim，属于里姆柯莎行政区（吉玛北方区域）

标示： 埃塞俄比亚尼古斯烈玛，日晒里姆

级数： G3

拍卖批次 1： 2010 年精品直接贸易竞标批次（共 150 袋，欧舍分得 25 袋）

拍卖批次 2： 2010 年 GFH 慈善竞标批次（欧舍得标 3 袋）

处理法： 传统日晒法，采用高棚架精制挑选日晒法

采收季： 9 月—10 月，2010 年 1 月精制处理完毕

品种： 当地原生种

杯测报告

干香： 花香、糖果、奶油、热带水果、桃子、香料

湿香： 柑橘糖、黑莓、葡萄、杏桃、杧果、花香、香草植物

啜吸： 甜感由热到冷都很清晰，有深色莓果、百合与紫罗兰等花香，以及柑橘糖果、青柠、杏桃、百香果、杧果、香蕉、桃子、腌制干果、香草植物、薄荷、精油、甜肉桂、奶油香，风味多变，油脂感细腻且余味持久

铁比咖啡农场，我们在前往瑰夏山途中拜访该农场。

吉玛农业研究中心

吉玛农业研究中心是吉玛区极重要的研发单位，20 世纪 80 年代研发推广的品种如 75227 等在国际上引起不少讨论，尤其在防治咖啡果蠹虫与叶锈病方面颇有成效。在 1979 年至 2010 年间，研究中心就释出了 175 吨种子供各区合作社与私人农场选购、栽种，近年来也把质量列入配种研究中，并在 2016 年发布了关于提升质量的研究结果。反观中美洲，近七年来叶锈病令咖啡产能降低 20% 以上，不能不说埃塞俄比亚咖啡当局很有远见。

当时我的目标是精选 2009—2010 年的水洗与日晒批次，刚抵达首都当日便密集安排五场杯测，锁定了尼古斯烈玛（Niguse Lemma）农场的日晒里姆 G3。此农场位于吉玛北方的里姆柯莎，属于奥罗米亚区，也是里姆王朝（Limmu-Ennarea）品种的所在地，海拔约 1800 米。尼古斯·烈玛是农场主人的名字。

2009 年，尼古斯的收获量是 5 吨，质量最优的日晒豆有 500 袋，依时间顺序共两批，每批 250 袋。美国生豆贸易商皇家咖啡与尼古斯有深厚交情，获悉埃塞俄比亚商品交易所开放直接标购后，双方决定试水。尼古斯在竞标前送来第二批次中的 150 袋，参与首度精品直接贸易竞标，我们几位好友在杯测后决定标下。

图为吉玛农业研究中心入口，作者与该中心主管。

照片中的人物包括埃塞俄比亚大名鼎鼎的咖啡专家阿贝那（左二）、K.C. O'Keefe与他的太太、乔瑟夫（右三）、当地合作社经理（右二），最右即作者本人。

寻豆案例（3）：瑰夏种寻根之旅

很多咖啡圈的朋友都知道我曾到埃塞俄比亚瑰夏山进行寻豆之旅，两位当年同行的成员后来成为国际知名的大老板，他们是“90+”的创办人乔瑟夫·布罗德斯基（Joseph Brodsky）与栽种出冠军豆瑰夏的巴拿马驴子庄园的威廉·布特（Williem Boot）。他们早就醉心于瑰夏的风味，威廉更是此次探索团队的发起人，他很爱夸张地形容：“一喝到瑰夏，就知道心被它偷走了！”

2006年的瑰夏品种溯源计划由威廉带领，有趣的是成员里有三个“Joe”：创立“90+”的Joseph、丹佛市记者Joel Warner和我（Joe Hsu）。瑰夏山附近有三个村落，其名称的发音都是Gesha，但没有实地拜访、采集咖啡浆果，就实在无法揭开何处是瑰夏种发源地的谜题。而这趟瑰夏寻根之旅其实是按史料与学者的行程记载进行的，我们也是1970年后的首支探访队伍。

距离该区较近的咖啡产区是班其马吉（Bench Maji），位于埃塞俄比亚西南方，距邻国苏丹很近，北方不远处即是帖辟，皆属于咖法省。要前往班其马吉通常会以帖辟为住宿与后勤补给点。

当地的帖辟合作社听我们说要找1磅24美元的瑰夏咖啡都一脸茫

然，却很好客地表示愿意协助。因大雨阻挠，我们仅到达靠近瑰夏山的米蓝（Mizan），一路跋涉进入邦加山区寻找野生的咖啡树，但当地政府官员见已近傍晚，一直催促我们返回。后来才知道他已经听到狮子低沉的吼声，这一带山民常有与狮子正面遭遇的经历。

虽然此行未抵达目的地，沿途物质条件欠缺，找不到适合投宿的旅店与果腹的食物，山区泥泞，几乎每个人都滑倒了，但全程没人抱怨。乔瑟夫有一位摄影师助手全程拍下寻豆过程，可见在当时，他就已经在为创立“90+”做准备了。

野生瑰夏的风味

寻找瑰夏之旅的来年，我应邀参加由美国国际开发署设立的“2007 Lingo”小学项目。项目的目的是帮咖啡农建立小学，让孩童有机会接受教育，并派出农业专家改善咖啡质量。学校虽简陋，但孩童很开心。项目结束后，学校被迫关闭，瑰夏庄园的主人 Gashaw Kinfe Desta 决定负担学校开销，自己筹措经费，让学生继续就读。2009 年，我获悉美国

<
瑰夏寻根之旅沿途的艰难小路。

>
当时一心赶路去山区原始林看野生咖啡，想尽快在大雨降下前离去，倒不记得远处的浮云这么漂亮。山区道路崎岖，爆胎、换轮胎对当地人来说是家常便饭。

班其马吉日晒豆的麻袋外观。

皇家咖啡的马克斯打算资助 Gashaw 的计划，加上瑰夏之旅的情感因素，我决定参与项目，采购该庄园的咖啡，作为在该区的瑰夏种未被证实前的采购替代方案。但是，虽然庄园叫 Geisha Estate，风味与我们体验过的瑰夏相似度并不高。

班其马吉日晒 G3 瑰夏种杯测资料

生产国： 埃塞俄比亚

产区： 班其马吉

庄园名称： Geisha Estate

所有者： Gashaw Kinfe Desta

品种： 当地原生种

处理法： 日晒法

等级： G3

采收处理期： 2010 年 12 月

杯测风味：欧舍烘焙度 M（烘至二爆下豆），13 分钟出锅

干香： 香草植物、波罗蜜、深色莓果、香料、人参、红茶

湿香： 桃子、菠萝、酒香、人参、香草植物、榛果巧克力

啜吸风味： 香气变化多端、脂感细致，有熟果、红色莓果、杧果、东方美人茶、桃子、奇异果、榛果巧克力、茶香、杏桃、香料甜、酒香等风味，整体触感佳，香料甜与热带水果味均衡融合且独特，此风味在埃塞俄比亚日晒豆中罕见

寻豆案例（4）：耶加雪菲／科契蕾哈玛合作社

耶加雪菲早期居民群居于沼泽区，地名有“离水择地而居”之意。传说是法国人首先发觉该区咖啡风味出众，但如今耶加雪菲是每个精品豆商必备的品项，以花香与细腻的柠檬、柑橘滋味闻名全球。该区位于埃塞俄比亚南部高原区，是东南段寻豆行程的首选。咖啡树生长在海拔1700—2200米处，位于西达摩省北部，离阿巴雅湖不远。

耶加雪菲用阿姆哈拉语念起来像“耶尬雪菲”，它是埃塞俄比亚最早出名的水洗豆单一产区。埃塞俄比亚商品交易所虽将本区划分为多个交易区域，但国际买家仍习惯直接以“耶加雪菲＋水洗站”来标示其产品出处。

耶加雪菲速写

该区咖啡生长在海拔 1800—2000 米的地方。耶加雪菲产区目前面临长年垦殖、咖啡树老化、森林面积减少、合作社或老处理场进步缓慢（甚至不愿改变）、人口趋于稠密等问题。该区咖啡农以自家农园庭园栽植为主要种植方法，区内有超过 40 个合作社，大型合作社如西达摩合作社联盟（SCFCU）、耶加雪菲合作社联盟（YCFCU）的影响力仍在。总计有约 6 万农民与近 7 万公顷的咖啡栽种地。

寻豆师到耶加雪菲大多居住在 Lesiwon 旅社，并以此为根据地拜访哈玛与孔加等初级合作社。

我拜访过耶加雪菲近30个合作社与处理场。但该区已出现过度垦殖的现象，尤其咖啡价格好时农民与处理场相继扩充用地，导致林地日渐减少，但用传统的水洗法产制日晒豆或进行蜜处理让该区咖啡的风味与选择增多了。因人们对耶加雪菲的需求日增，埃塞俄比亚商品交易所也将该区细分，例如早年科契蕾镇仅标示耶加雪菲，如今可以标示科契蕾。

哈玛初级合作社位于耶加雪菲，在竞赛模式被引入埃塞俄比亚之前默默无闻，连续在两届“eCafe”竞赛的日晒组与水洗组中获双项冠亚军后，掳获了日本的丸山、北欧丹麦的Estate Coffee与中国台湾（欧舍）的心，成为知名的耶加雪菲区小合作社。更难得的是哈玛与国际买家接触得早，明白维护质量的重要性，质量长期保持不坠。

耶加雪菲当地原始种发雅提种。

我首度拜访哈玛是2006年10月采收季开始前，途中会经过知名的

迷雾山谷，而后一路蜿蜒上升，抵达哈玛小镇时海拔已达2200米。合作社位于山谷地形略下沉处。此后我曾三度拜访哈玛，2008年开始通过哈玛所属的耶加雪菲合作社联盟往来。哈玛因为规模与财务关系，无法自行采用精品直接贸易模式销往海外，通过上游大型合作社的采购模式过程较复杂，得有耐性与耗时的心理准备。

2009年欧舍的李雅婷使用哈玛豆一举拿下东京首届世界虹吸大赛冠军，这让日本咖啡界更了解了哈玛的来历。来年日本放送协会（NHK）来台湾专访，哈玛人气再次升温。

^ 哈玛合作社的湿处理场，规模不大但整理得很干净。哈玛合作社仅是村庄级的小合作社，亦可称作初级合作社，隶属耶加雪菲合作社联盟。

v 墙上挂着的是“eCafe”冠军的奖牌。

^
哈玛合作社干部与会员代表身着正式服装与我们会谈，这是他们首次与四个不同国家的买家见面。

v
哈玛合作社成员家中的咖啡园，果实已呈红色，但成熟度仍未达采收标准。

哈玛合作社资料与杯测报告

产区：耶加雪菲

生产与处理的合作社：哈玛初级合作社（隶属耶加雪菲合作社联盟）

品种：当地原生种

处理法：传统水洗法与非洲棚架日晒处理

杯测报告：欧舍烘焙度 M0（一爆中段），11 分钟出锅

干香：柑橘、香料甜、花蜜甜、花香、茉莉花、橘子花、香草植物、小金橘

湿香：柑橘、花香、精油、柑橘、柠檬、姜花、焦糖、持久的大吉岭春茶香气与余味

啜吸风味：柑橘香气明显，奶油脂感明显，有莓果香、多款花香、草莓酸甜、香草甜、精油香、甜柑橘与甜青柠，均衡性相当好，余味多变，层次丰富且持久

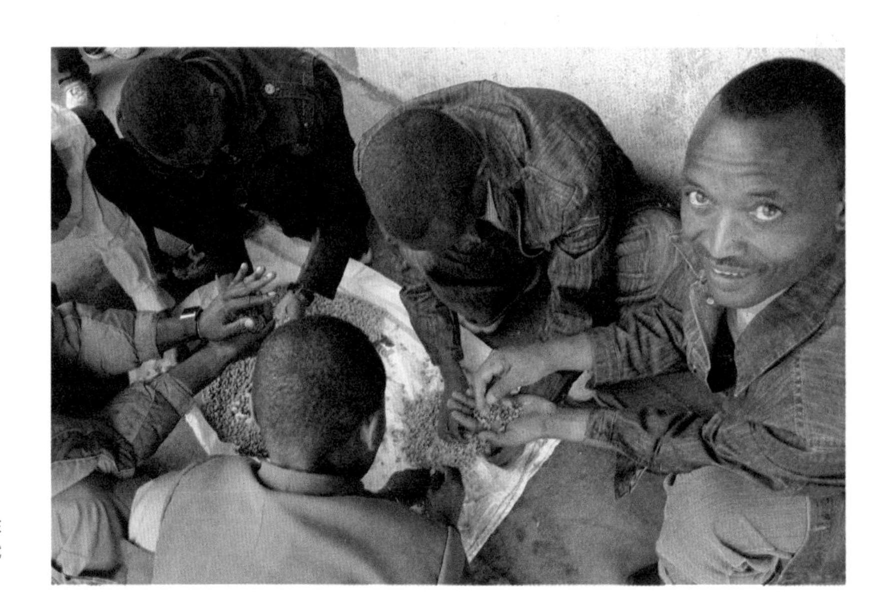

哈玛合作社的成员在挑选生豆，供我们试烘样品。

寻豆案例（5）：耶加雪菲孔加合作社

耶加雪菲是我来埃塞俄比亚必访的产区，前后共造访过十来个村落级的合作社与处理场。该区人杰地灵，即使耶加雪菲小镇毫不起眼，路标也显得破烂，但清新的空气、林间芬多精的香气、清澈的河水与肥沃的火山土都是孕育出众风味的重要地缘因素。

孔加是小农合作社，位于耶加雪菲高山区，合作社名称来自该区的孔加河，也是当地少数通过有机认证与公平贸易认证的合作社。我对有机认证并不在意，因为埃塞俄比亚与秘鲁状况相同，几乎都是有机栽种，只是多数合作社无法编列预算来支付有机认证每年复检的费用。

如同前文提到的哈玛，这种村庄级的合作社普遍面临经费不足的问题，办公室也很简陋。我看到贴在墙上的每年收获咖啡樱桃果实与处理

<
左上角是孔加合作社的招牌，我与合作社经理于办公室前。

>
孔加合作社入口的标识。

>
作者与孔加合作社成员于生豆储存区洽谈。

–
咖啡农的座谈会。

<
合作社成员的小孩挤在门外看我们这些外国访客。

批次的手写数据，年代久远一目了然。孔加合作社的经理表示2009—2010年的采收量略少，只能保证十个批次，无法制作日晒豆。我也据实以告，这几天所测的三个批次质量不如去年，他竟爽快地承认，并表示有批更优质的在精制处理中。两个月后我收到生豆样品并杯测，果然如他所说，此款孔加水洗耶加雪菲经典婉约，香气是熟悉的姜花香、明亮活泼的樱桃与细致干净的余味，我马上确定采购。

孔加合作社资料与杯测报告

产区： 耶加雪菲

生产者： 孔加合作社

品种： 当地原生种

标示： 有机认证与公平贸易认证

处理： 传统水洗法

等级： G2

海拔： 1850米以上

对策： 孔加每年有7—10个主要批次，一定要杯测慎选，才不会踩雷。

杯测报告

干香： 姜花香气、柑橘、香茅与香料甜

湿香： 柑橘、花香、茶香、干净的奶油甜香

啜吸： 干净度佳，有柑橘、香草植物、细腻的樱桃、红苹果风味，有细腻的油脂感，酸明亮但甜感佳，余味绵长细致

寻豆案例（6）：奥罗米亚合作社联盟（OCFCU），东南段路线

大型合作社也可能有极优质的批次，要看寻豆师如何发掘，像是在奥罗米亚、西达摩或耶加雪菲三大全国性的合作社都能挑选到好豆。

在埃塞俄比亚我在意的永远是杯测质量，而非豆子的大小或认证资格。以奥罗米亚为例，奥罗米亚合作社联盟全名为“Oromia Coffee Farmers Cooperative Union”，第一个单词Oromia在埃塞俄比亚代表的不只是种族或语言，更是涵盖全国重要咖啡产区的大型联合合作社的代名词。奥罗米亚合作社联盟由35个合作社组成，有超过10万个农户成员，其中有8个合作社同时具备有机认证与公平贸易认证的资质。旗下会员精细摘采、筛选后的优质批次由合作社直接以奥罗米亚合作社联盟的名义销售，这类批次的质量与直接购自小型合作社的并无差异，不同的是会混合同一天从多个农户处采收的咖啡，并按日期与质量标示。

常有同行问我埃塞俄比亚的采购流程，除了前面我提的七项策略（见027页）外，在大型合作社采购更需依赖杯测，以下流程属于杯测细筛模式，提供给各位读者参考：

一、采收期初次杯测。直赴产区，了解当季生产与采收处理状况，并与咖啡农深度互动；如无法前往产区，则可要求合作方快递样品做基本筛选测试。

二、主采收期杯测。按你的采购需求做“定案”杯测。

三、特定批次杯测。筛选出的批次再细部多次杯测（通常于较大的合作社或于首都进行）。

四、盲测后选出优质的样品与特定批次，并与生产者讨论采购细节（通常特定批次已经精制处理完成）。

五、采购对象的详细信息。产区、合作社、采收与所有处理法细节、日批次信息、合作社整体信息、各项认证、计划，讨论成交价格，安排交货细节。

六、备货后杯测，上船前邮寄样品杯测，到货后杯测。

七、准备上架。

2017年，我们采购了一批奥罗米亚合作社联盟旗下标示科契蕾－柯尔的日晒G1。柯尔（Kore）是属于科契蕾的高海拔小产区，而科契蕾

^
奥罗米亚合作社联盟的小农正在采集果实。右下角篮子中可以看到采收的果实以红色成熟的居多。多数咖啡树就在小农住家附近，看到咖啡变红就采收。

v
采收的果实当日经过筛选后可直接进行日晒。下图中的咖啡果实已经过了七天日晒，可以看到果实均匀摊开且果实并未堆积过高。

是耶加雪菲的重要产区。在埃塞俄比亚商品交易所可轻易找到科契蕾区的分类，水洗豆与日晒豆都有，但科契蕾仅为产区标识，如欲采购精品除了找到源头直购，也要细分级数、了解次产区与处理场，光看产区名标示 Kocherie 或 Kochere 无法判断质量。

在埃塞俄比亚，除了私有的大型种植园与独立庄园外，来自处理场、中盘或路边的咖啡果实收购商与合作社收购的果实可能会混在一起处理。这代表购买同一名称的生豆时，不一定会得到同级质量，因此生豆名称往往仅供参考。采购商业豆或高级商业豆（premium commercial coffee）时根据埃塞俄比亚商品交易所的标购系统即可，但专注精品咖啡的从业者只能以批次的杯测质量为采购依据。

柯尔日晒耶加雪菲包含当地的三个原生种，属于强烈香料型。买家

奥罗米亚日晒科契蕾耶加雪菲资料

隶属组织：奥罗米亚合作社联盟，由旗下小型村落合作社生产
产区：耶加雪菲、科契蕾 – 柯尔
生产者：科契蕾 – 柯尔小农
采收期：2017 年初
品种：当地三种原生种
处理：精挑日晒法
等级：G1
对策：一直杯测！用盲测，喜欢才下手购买
本批次海拔：2000—2400 米

杯测报告
干香：枫糖、花香、肉桂、桃子、蜂蜜
湿香：香草植物、香料、甜桃、杧果
啜吸：浓郁的香料甜，有着热带水果、肉桂、巧克力风味，有油脂感，余味香料甜很持久

建议合作社直接做日晒豆，与该村的水洗豆风味有着强烈对比。我特别挑选了本批柯尔日晒，因为强烈的香料风味在该区实属少见。

柯尔的小合作社海拔很高，平均2000—2400米，哈玛合作社也在相似高度，两者都属于海拔极高的小合作社。抵达耶加雪菲镇时，外围海拔与咖啡产区都已在1500米以上，因微型气候迥异及全球变暖的影响，寻找优良的耶加雪菲得前往海拔2000米以上的区域，需更长时间来等候咖啡熟成，通常会晚一两个月。

寻豆案例（7）：古吉路线

古吉是由埃塞俄比亚商品交易所在西达摩A区分出的新区，古吉在咖啡圈的崛起是必然的。我固定在每年12月至来年3月间至少探访埃塞俄比亚两次，除了了解采收与掌握质量后选定批次，另一个重要任务就是了解产区的最新特征。我不会说耶加雪菲已经老态迟暮，它仍有顶尖批次，但整体来看，古吉的优势已经确立，这有三大主因：第一，古

杜歌阿都拉合作社成员在铺平刚完成水洗发酵的带壳豆。

吉区森林蓊郁，咖啡多采用半遮阴的栽植模式或直接在森林中栽种；第二，咖啡树种强壮而年轻，不仅抗病性佳、生产力旺盛，更难得的是风味饱满且多元；第三，古吉区住民宗教信仰虔诚，对大自然敬畏友善，特别是崇敬树神，这对环境保护极为有利。而在过去 15 年内，该区新成立 50 多个水洗站，多数愿意学习新观念与提升质量。以上三点对古吉的质量有决定性的影响。

古吉分东古吉与西古吉，主要集散地有六个，分别是罕贝拉（Hambela）、欧都夏其索（Odo Shakiso）、乌拉尬（Uraga）、博蕾侯拉（Bule Hora）、科洽（Kercha）、阿都拉（Adola）。

近三年我在古吉区采购到不少极优批次。2010 年以前，古吉区尚未

杜歌阿都拉合作社资料与杯测报告

产区： 古吉乌拉尬

生产者： 杜歌阿都拉合作社

品种： 库鲁麦（Kurume）

处理： 传统水洗法

等级： Q1

杯测分数： 91.5 分

海拔： 1850 米以上

对策： 由 160 余个批次中筛选 15 个批次，杯测后以批次 319 为采购对象。与小型合作社建立长远的关系。此批风味不仅保持了传统的花香与持久的甜感，其黑莓的果汁感也让人惊艳

杯测报告

干香： 姜花、茉莉花、柑橘

湿香： 柑橘、花香、茶香、干净的香草与醋栗

啜吸： 干净度佳、厚实、花香浓郁、油脂感清晰，有黑莓与醋栗风味，酸明亮，蜂蜜甜明显，有青柠甜，余味绵长

成为独立产区，对外以西达摩或耶加雪菲为名，但无法代表该区的风味特色，古吉区独立出来确实可还该区农民一个公道。

杜歌阿都拉（Dugo Adola）虽位于乌拉尬，但其实更靠近耶加雪菲的海拔 2200 米的高山区。乌拉尬之前部分处理场与合作社的产品常以耶加雪菲的名义销售，埃塞俄比亚商品交易所宣布该区为古吉产区后，才以乌拉尬西部高山区域或直接以村落或合作社名称为生产单位，并标示于麻布袋。2018 年产季，我拜访乌拉尬的杜歌阿都拉处理场，收获满满。该水洗站位于海拔 2050—2200 米处，而饱满的桃子、花香与黑莓果风味让我不虚此行！2018 年的杜歌阿都拉总计有 160 余个批次，我们挑中极优批次 319，希望与此小型合作社建立长远的关系。此批风味不仅维持传统的花香与持久的甜感，其黑莓的果汁感也让人惊艳。

寻豆案例（8）：首都亚的斯亚贝巴整合式杯测挑豆

哈拉区位于埃塞俄比亚东方高地的哈勒尔盖省，咖啡生长于海拔 1500—2000 米间。大约一个世纪前，哈拉仍以当地野生咖啡树为主，生豆形状两端尖长，以狂野风味与厚实触感闻名，属于典型的摩卡风味。

不管是按地理还是咖啡产区划分，哈拉区都划分为东哈拉与西哈拉。现今哈拉仍以传统日晒法处理生豆，埃塞俄比亚当局在德雷达瓦市设有质量与标购销售中心。年产量约为 20 万袋（每袋 60 公斤），根据分级会标示长颗（long berry）、短颗（short berry）或者圆豆（pea berry），圆豆也常直接标示为摩卡（Moka）。

早期的哈拉区至多标示 G5 或 G4，邻国沙特阿拉伯大量采购哈拉区的生豆。哈拉豆价格并不便宜，质量好的哈拉豆更是中东地区王室必备品，早期能与其竞争的只有日商及美国的皇家咖啡。质量优异的哈拉豆带有明显的莓果调与红酒香，亦有厚实的油脂感，不少烘豆商偏爱做成浓缩咖啡配方豆，所幸精品烘豆商拜访哈拉区日渐频繁，哈拉区合作社

这是我 2006 年受邀参与咖啡杯测品质鉴定中心团队杯测时所拍。该单位的杯测师工作日所测的豆子多达数百款，是我们习惯精挑细选者无法相比的。

也开始制作风味更干净的日晒哈拉。

采购哈拉豆并不难，但质量好的需要慢慢寻找，主要原因有：

一、当地依赖人工处理的传统日晒法，因价格竞争激烈，质量好的批次在处理过程中就被到场盯看的专人敲定交易，剩下的批次往往带有不甚干净的风味或夹杂质量欠佳的豆子。

二、测试样品与实际收到的生豆有差距，漫长的后勤运输与出口流程会导致延误送达，质量也大幅滑落。

三、对品质的认知有落差。哈拉区的贸易商实力雄厚，自认传统日晒技术优异，不愿意接受国际买家青睐的，在耶加雪菲、西达摩与里姆实施的日晒处理模式。

四、因处理不当、气候与质量控管等因素，新旧豆混杂，买家因辨识度差异不大而却步。

以我采购的东哈拉希阿那（Hirna）为例，干净度在哈拉中确实罕见，团队对杯测的质量反映颇佳。通常我会等合作社代表在首都的咖啡杯测品质鉴定中心揭晓杯测结果后，再度杯测并视质量状况下单。

东哈拉希阿那批次与杯测资料

产区：东哈拉希阿那区

生产者：Private reserved lot

品种：哈拉当地原生种

处理法：日晒

等级：G4

对策：采购哈拉区的豆子，首先要找信得过的当地出口商或合作社，接着反复测豆，同时要尊重传统产区的特色，例如琥珀豆千万别当作是发酵臭豆腐的味道，不但显得无知且容易得罪当地人

杯测报告：欧舍烘焙度 M0+（一爆中后段起锅），11 分钟出锅

干香：桃子、枣仁甜、浓郁核果甜、些微花香、奶油香

湿香：奶油巧克力、糖香、黑枣甜、香料甜、干燥水果甜、花草茶

啜吸：有着哈拉系罕见的干净度、水果熟香、桃子与杏桃甜、沙枣甜、花香、蓝莓、热带水果甜香、香料甜、茶感，油脂感佳，余味莓果甜与奶油巧克力甜感持久

靠近阿希西脉的传统日晒模式，该区虽也被列为“哈拉”，但与传统的哈拉模式相距甚远。

产区行动杯测模式

2010 年，在美国国际开发署的赞助下我参加了产区行动杯测营。我们准备了小型样品烘焙机与所有的杯测用品，将杯测带往耶加雪菲的六个合作社，包括孔加与哈玛，很多咖啡农第一次杯测到他们栽种的咖啡。

<
杯测准备阶段。

>
很多咖啡农第一次杯测到他们栽种的咖啡。

v
杯测现场。

步骤八：重大信息更新与摘要

重大信息更新与最新事件的摘要尤其重要，这些信息往往牵涉到采购策略或采购项目的调整，以下案例即属于重大信息。

法令与新闻事件

埃塞俄比亚商品交易所在2017年公布第1051号公告，精品从业者可采购微量且可追溯源头的批次，但这造成了混乱与不适应的问题：多数干处理与分级厂并不习惯处理几十袋的微量批次，筛选不良、混批次、装错货柜期的情况时有传闻，最夸张的案例是欧洲某知名生豆商有两个货柜的生豆抵港后，发现麻袋未经封口，都没有缝线，所有生豆混在一起，损失惨重。1051号公告发布于2017年的产季之后，当时我分析该公告引发的状况应会于2018年产季出现。公告的重点是“买卖双方可直接交易”，农民栽种两亩地以上的咖啡树即可直接外销，但后勤与交易末端未准备好，尤其干处理场端衍生许多问题，直到2020年，此情况还在调整适应中。

阿希西脉的灌溉系统庄园。

改良案例

阿希西脉的灌溉系统庄园。天气异常与全球变暖冲击了咖啡树的生长，也对生豆质量影响巨大。咖啡农无法决定降雨量，有远见的农场或财力足够的业者已向红酒界取经，建设农园的人工灌溉系统，058 页图的咖啡农园灌溉系统位于偏远的阿希山脉西侧（阿希西脉），对配合长期采购极有帮助。

新种与新处理法信息

虽然埃塞俄比亚有上百款优异的品种，由于世人迷恋瑰夏，埃塞俄比亚的大型农场也不免俗地追逐瑰夏种。在古吉与耶加雪菲区都栽种有瑰夏种。

<
照片拍摄于 2018 年的古吉区，瑰夏种苗已经茁壮成长，等待 2018—2019 年的实地移植。

>
蓝色水盆可以让采摘的新鲜果实预浸，以浮力筛选出品质不良的果实和杂质。

质量提升案例

浮水筛选的日晒处理法：

传统日晒法因摘采果实熟度不一，常有质量的争议，夏其索区的合作社已经运用上图中的蓝色水盆将摘采的新鲜果实预浸，将浮果与杂质移除后，直接铺在后方的层架上进行日晒程序。

• 肯尼亚，风味傲世的史考特 28•

肯尼亚篇

KENYA CHAPTER

独特品种、栽种地的环境特色与肯尼亚的水洗处理法都造就了肯尼亚豆的绝佳风味，

可以想象，当精品咖啡馆少了肯尼亚豆时，会是多么乏味！

肯尼亚咖啡以饱满、精彩、傲世的风味奠定了其超凡的地位。咖啡庄园在肯尼亚不普及，没有生产者的故事可供营销，但由肯尼亚起家的品种史考特 28（SL28）这几年以惊人的黑醋栗风味与明亮的果酸闻名，是继瑰夏种后受到的关注最多的代表性品种。但它不是诞生于肯尼亚。有趣的是瑰夏种也不是诞生于巴拿马，瑰夏虽发源于埃塞俄比亚，却以巨星之姿扬名于巴拿马，SL28 也显现出这一趋势，即将由栽种地肯尼亚发扬光大。

肯尼亚的巨星：SL28

我发现很难找到肯尼亚的精彩咖啡典故，同好间仅提及测豆时发现的惊人风味或肯尼亚多重水洗法的信息。今年在肯尼亚寻豆期间，我与几位来自挪威、瑞典的同行聊到此特殊现象，他们表示，通常名产区常有有力的咖啡或品种的典故作为衬托，肯尼亚却仅有水洗站或合作社精制处理的素材可谈。肯尼亚应当有很多精彩的故事等待发掘。在第三波咖啡浪潮的“与咖啡农相见欢”的交流活动中，我很少看到同行找肯尼亚咖啡农交流，但肯尼亚的优质豆能轻易在杯测中拿到 90 分以上的高分。如果加上与咖啡农面对面交流的故事，营销效果绝对比只谈论处理场的技术细节或鲜艳漂亮的果实宣传照片来得好。大家都同意，多数消费者对肯尼亚咖啡仍停留在“咖啡很好、酸明显、很贵”的印象中。咖啡爱好者对邻国埃塞俄比亚的耶加雪菲、哈拉摩卡与吉玛咖啡如数家珍，但谈到肯尼亚，最著名的尼耶利区（Nyeri）却没几个消费者知道。以上是 2018 年我与北欧友人闲聊的心得，肯尼亚的优质咖啡需要更有张力的故事让消费者产生共鸣。我发现肯尼亚迷人的风味与 SL28 品种起源的背景或许是肯尼亚精彩故事的引爆点，就如阅读侦探小说般，愈深入肯尼亚产区，愈能发现更多疑惑与背后的复杂咖啡产业链，疑惑解开时就是传递肯尼亚精彩故事的时刻！

故事与疑惑 1:
SL28 品种的好风味是怎么来的?

史考特实验室推出的 SL28 品种一般被称为史考特 28，此品种风靡咖啡圈，到底史考特实验室是如何推出这款伟大的品种的？多数人认为史考特实验室的设立是传教士附带的任务，这一传言是否正确？传言更指出 SL28 拥有摩卡种的特性或根本只是由留尼汪岛来的波旁种，因此 SL28 才会拥有波旁种的优美风味与明亮果酸和甜感。如果推测属实，为何同样由留尼汪岛带至南美洲或中美洲生根的波旁种风味截然不同，尤其在酸质的调性上？这问题很值得探索。

故事与疑惑 2:
只在意鲜果售价的小农如何成就优质生豆？

是咖啡农全盘掌控果实采收、精制处理与销售过程吗？那些优质的微量批次是怎么制作出来的？如何确定多数人愿意努力栽种并采收好果实？还有，咖啡农可能知道你仅是买家之一，他们会在意或珍惜你吗？这种情况下，直接采购有意义吗？好的质量可卖出好价钱，但钱往哪里去？优质生豆到底是如何来的，能被追踪到源头吗？

故事与疑惑 3:
肯尼亚能被取代吗？

肯尼亚不仅有 SL28 引起众人兴趣，其独特的火山土与微型气候造就了肯尼亚咖啡的美好风味，尤其尼耶利与奇林呀尬（Kirinyaga）两区以独特饱满的酸质、丰厚脂感、上扬的香气闻名国际。这风味在他国少见，我只在洪都拉斯与危地马拉体验过几次而已。当肯尼亚生产量日益短少时，有生产国可取代肯尼亚吗？

回顾这几年来此寻豆的经历，由肯尼亚的咖啡栽种起源到纷纷扰扰的拍卖制，我将说明品种、处理、选豆诀窍等内容，希望能解答上述疑惑并提供精彩的故事，来推广肯尼亚咖啡迷人的滋味！

肯尼亚咖啡栽种缘起

肯尼亚咖啡是1893年殖民者从留尼汪岛引入的，当时农园的所有权与加工全由殖民者与官方掌控。直到20世纪30年代，当地人才拥有在自己的土地上种植咖啡的权利。这表示在1934年以前，肯尼亚人仅能在英国人拥有的咖啡园内担任劳役甚至近乎奴隶的工作。肯尼亚独立前，政府在1931年成立了肯尼亚咖啡委员会（CBK），并于1935年举办了第一次咖啡拍卖，闻名的肯尼亚咖啡拍卖制度从此开始。1944年，合作社制度化，政府要求栽种面积在5英亩（或以下）的小咖啡农参与，这一措施削弱了咖啡委员会的地位，因为当年的董事成员大多是大型的庄园主。1963年，肯尼亚独立，咖啡园被国有化和重新分配。各大合作社在当年获得近400万美元的贷款，用于扩大后处理与建立新的水洗站（即目前肯尼亚出名的处理场模式“factory”）。虽然很多合作社因经营不当导致负债，但合作社和合作社联盟的地位得以巩固，迄今仍是肯尼亚咖啡供应链中最重要的部分。目前约75%的肯尼亚咖啡农地由小农栽种，且多数参加合作社或初级合作组织，但其产量仍仅占全国的一半。

肯尼亚风味劲道来自漂亮丰厚的酸

肯尼亚咖啡代表性的酸味包括黑醋栗和我们熟悉的乌梅、青柠、葡萄柚或菠萝、青苹果、百香果与众多莓果风味等；肯尼亚咖啡的甜有蜂蜜、黑糖、甜的鲜橙汁；肯尼亚咖啡的触感更特别，多数酸质明亮的咖啡没有特别厚实的触感或油脂感，但肯尼亚豆不同，不仅酸质亮丽，还可找到具备厚实油脂感或口腔包覆感甚佳的批次。肯尼亚脱颖而出的原因不仅是因为漂亮的酸，还有其丰富饱满的触感及多彩的风味。这也解释了为何当地品管师在挑选顶尖批次时会评比其酸质（acidity）、醇厚度（body）、风味（flavor）的强度，并遴选出可以拍出高价的批次。肯尼亚豆的风味好，得益于独特品种、栽种地的环境特色及肯尼亚水洗处理法的贡献。很难想象精品咖啡馆如果没有美味、优质的肯尼亚豆，会变成什么模样。

如何描述肯尼亚豆优美的酸味？

“酸得干净又漂亮！”是专家对美味的肯尼亚豆的一致形容，高质量的酸是好咖啡的骨干、脊椎、中枢神经。肯尼亚豆是漂亮酸味的代表，如果酸质是咖啡的灵魂，肯尼亚就是那灵魂的代表了。肯尼亚豆的酸明亮、艳丽、饱满出色，绝对是肯尼亚的风味写照。要推荐肯尼亚的美味不难，喝过的消费者很难忘记。

优美的肯尼亚豆几乎涵盖以下 29 种滋味（图片为精品咖啡协会的风味轮），包括著名的黑醋栗、乌梅，精彩的风味包括柑橘、青柠、葡萄柚、奇异果、红莓果、蜂蜜、花香、苹果、桃子等。

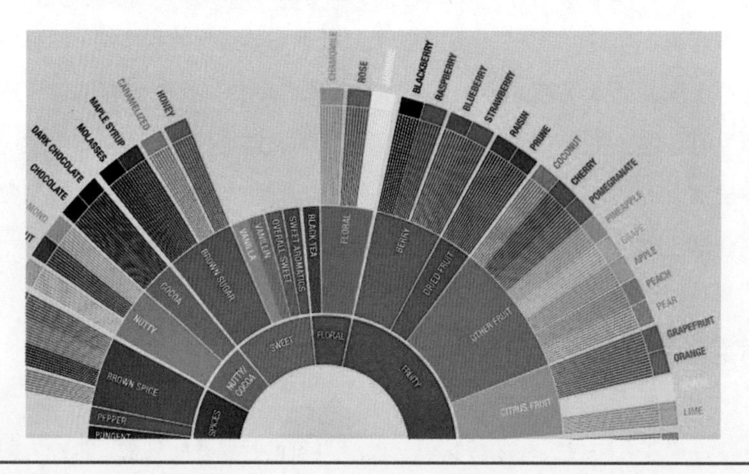

精品咖啡协会风味轮。

深度解析肯尼亚拍卖制与现今采购途径

拍卖制的背景

在殖民政策与市场需求下，早期肯尼亚生产的咖啡全由伦敦贸易商行收购，咖啡运往伦敦六个月后农民才陆续收到款项。这表示从果实变红的采收初期到生豆靠港且销售后的漫长时间里农民没有任何收入，出口商只得依靠从银行取得的融资来支付各项费用，甚至包括船运费。但实际情况更糟糕，当年出口商出口的仅是经过初步处理的带壳豆，并非最终的生豆产品。生豆精制干处理中最重要的脱壳、筛选、分级都在伦敦的干处理场进行，肯尼亚的农民们对产出量与销售收入的期待往往与伦敦当地销售商给出的数字有重大差距。1926 年，咖啡种植者联盟（Coffee Planters' Union）成立，目标就是改善上述的恶劣情况，让农民们得到合理且更好的生豆售价，获得更多收入。在 20 世纪 30 年代，肯尼亚的咖啡产业变化迅速，各种合作社和营销系统纷纷兴起，咖啡种植者联盟因次级团体兴起而分化为小型合作社。农民们希望辛苦生产的咖啡不再受限于遥远国度的贸易商。政府整合各方意见与势力后，成立了肯尼亚种植者合作社联盟（KPCU）与肯尼亚咖啡委员会，取代了各种营销团体，并成立了拍卖制度。

这就是肯尼亚咖啡拍卖制度的源起，影响十分深远。其他生产国也常赴肯尼亚拍卖局参观取经。截至目前，肯尼亚拍卖局经手、销售的咖啡占该国总产量的八成以上。拍卖局于成立来年（1931）进行首次公开拍卖，但当年伦敦贸易商的交易地位仍在，1937 年内罗毕咖啡交易所（NCE）成立后，整个拍卖交易制度才得以普及并获得产业链的广泛支持。政府单位也在 1938 年颁布了著名的生豆分级制，逐渐成为农民（生产者）、处理场、买家的交易标准。

20 世纪 90 年代的危机

虽然内罗毕咖啡交易所的体制与运作仍有改善的空间，也不乏批评的声音，但这套拍卖系统仍然是肯尼亚咖啡贸易体系中最重要的价格形成机制。买家追逐拍卖目标的确促进肯尼亚咖啡成交价的盘旋上升，并缓解期货市场的价格波动性。拍卖的目标批次在入场拍卖前会进行生豆与感官（杯测）分级，拍卖的咖啡通常可追溯到合作社运营的水洗站或处理场。肯尼亚拍卖系统自此持续运作，直到 20 世纪 90 年代，内罗毕咖啡交易所发生重大危机。首先是 1989 年国际咖啡协议崩溃导致全球咖啡价格出现危机，其次是 1991 年的政治腐败，贪渎事件导致国际援助中止。为了应对两大危机，肯尼亚政府采取让步政策，允许拍卖私有化，并允许国际买家参与内罗毕的交易，以挽回国际援助；也采取开放政策，允许小农自由选择处理场出售采收的咖啡果实。肯尼亚政府希望借由以上政策重新获得世界银行的认可，重振国内咖啡市场，将丑闻不断的咖啡委员会限制为监管角色而不是市场营销的全权代表。实际观察上述改善的政策，并非如宣传般运作良好，主要原因还是部分单位实际上仍既当球员又当裁判，利益回避实在无法避免。这套严格的政策规范与定义了干处理场、果实交易、仓储、市场营销和竞标咖啡等产业的角色与限制，但实际执行时却问题重重。例如代理商虽将处理场的咖啡带入拍卖局进行拍卖，但营销代理往往也是国外买家的地下代理人，实际上未回避利益，且担任双面人来议价或竞拍。也有人认为，这可以迫使国际买家提高买价，但双重角色的确造成明显的利益冲突，递交果实的小农户信息最匮乏，处于严重劣势，他们没有办法在复杂的交易系统中跟踪并了解咖啡是如何被议价或销售的，仅能看到最终的成交价格。

内罗毕咖啡交易所也试图绕过上述情况。观察肯尼亚咖啡委员会成员的背景，2002 年以前的委员多是大庄园主，他们掌控了肯尼亚咖啡委员会的政策，而这些大老板还是小农合作社的唯一营销代理，只有咖啡委员会可在拍卖会上竞标。2002 年后，肯尼亚咖啡委员会被限制为监管角色，董事会另外批准了 6 名独立代理人。2006 年另增 25 名代理人为小农营销代表，但实际活跃的小农营销代理可能不像表面的名额那么多。不仅国内买卖与竞标复杂，出口也有复杂的一面。少数国际贸易公司控制了绝大多数成交量（指拍卖总数量）。根据 2011 年的报告，肯尼亚有 76 家拥有许可证的出口贸易商，却仅有 5 家公司有活跃的出口业绩。

到底农民能拿到多少?

2008 年的研究早已指出，1975 年肯尼亚农民个人所得是拍卖价格的 30%，但到了 2000 年该数字只有 10%，当年大规模的抗议与政治事件也促成咖啡委员会大幅度改善与调整政策。农民最有力的利器是肯尼亚名扬国际市场的质量与市场需求，国际买家实际付出远高于国际咖啡组织（ICO）产地国的交易价，法令松绑与市场竞争使农民收入得以提升。2014 年，尼耶利区最好的价格（合作社收购）是每公斤 75 先令，大约为每磅（1 磅约为 0.45 公斤）0.3 美元。以 7 磅果实可处理成 1 磅合格的生豆算，农民的 1 磅生豆可以拿到 2 美元多的价格，确实比以往好，但对比肯尼亚豆的国际价格，农民拿到的仍不够多。咖啡农理想中的好价格约在每公斤果实 130 先令，每磅约 0.5 美元（出售果实的价钱）。即使肯尼亚生豆都在高档成交价盘旋，因通过拍卖所出售涉及太多的供应链，也实在很难让递交优质果实的小农户有更合理的收入。

采购肯尼亚豆的两大途径

选购肯尼亚咖啡有两个途径：拍卖局竞标与第二窗口采购。拍卖局即内罗毕咖啡交易所，国际买家必须通过肯尼亚当地具备投标资格的代

理人进行竞价拍卖，并于得标后签订采购合约，属于通过拍卖与代理人的采购方式。第二窗口采购指国际买家直接与具备出口资格的合作社或处理场进行洽谈采购。

拍卖局交易方法

20世纪30年代拍卖系统建立后，绝大多数肯尼亚咖啡都经由拍卖局交易。早期是通过传统市场形态的人工公开喊价投标，之后发展到按钮式的无声投标系统。具备投标资格的交易员可入场对设定的目标进行投标，在竞标过程中针对属意批次与价格按按钮，电子屏幕会显示投标金额。通过此按钮显示系统，经多家争逐，受瞩目的批次价格往往飙升。投标代理商在每周的拍卖中会针对选定的批次与国际买方能接受的价格在设定范围内尽量标得设定批次，但卖方也有营销代理人，营销代理也会设定理想的起标价。这就是拍卖系统运作的原理。咖啡园（处理场）或合作社必须事先登记其营销代理人，其职责是将咖啡拍卖给出价最高的投标者（投标代理商）。这些营销代理的佣金一般在咖啡成交价的1.5%—3%

<
肯尼亚种植者合作社联盟的大楼，拍卖局的当周样品室位于入门后左侧的大楼中。

>
表示着“KPCU”的大门。

^
纸袋上表示着级数与批次量。

v
图为上千个 2017-2-28 的拍卖批次。

之间，但不包括须缴纳给政府的税金。营销代理商会将去壳的生豆样品先给有兴趣的投标者，拍卖所固定在每周二举行拍卖（2017—2018年主产季因咖啡歉收，因无豆可拍，7月前就结束了主产季的拍卖交易）。在拍卖当周，即将进场的生豆会按照类别与级数分列，事先印好目录并放置于交易所供投标者参考。通常每周会有1500个批次参加拍卖，如果买家的目标是较高级的AA、AB或是PB级，也有500个批次可供挑选。多数竞标代理商的工作人员在采收季都忙着联络处理场与合作社，了解收成与各级数的可供货数量，并杯测、搜集批次信息，同时与国际买家或其代理联络协商。进入拍卖前他们通常已有初步的竞标想法。

第二窗口交易方法

2006年，为响应农民与国外从业者（烘焙从业者）希望直接交易、不通过拍卖局竞拍的呼声，肯尼亚当局通过新法规，颁布了被称为“第二窗口”的交易法令，允许私营出口公司将咖啡直接从生产者出口到国外的烘焙商和进口商。但这些出口商必须先获得出口许可证，且需要提供出口的市场证明与能对生产者付款的财务担保等。从理论上看，这种替代咖啡拍卖系统的路线为咖啡农与国际买家提供了一种可追溯的方式，也让咖啡农的产品能更早得到较高的付款。但实际上，通过第二窗口的交易仍相对较少。由于营销商限制，小农们很难进入外部市场，而根深蒂固的合作社制度仍让大部分咖啡都在拍卖系统中出售。由统计资料来看，85%至95%的咖啡仍经由拍卖局交易，第二窗口的交易量仍偏少。第二窗口其实是农民与直接采购者建立关系的途径，当然第二窗口不表示农民和买家一定会达成协议。双方虽可直接就质量与最终价钱谈判，这价钱可能也与拍卖局的投标价不同。因为运作成熟的合作社与农民代表（合作社的会员代表）往往采用双重渠道的销售策略，由拍卖局的成交价格来推广合作社的名气并提高价格纪录，并借此来提升售价，

特别是歉收时，签订了采购合约的拍卖代理商需要买足一定的级数与数量，常常抬高拍卖价，合作社当然乐见这种情况。在采收初期价格未明朗前，借着第二窗口直接销售，快速出口，先获得现金，对于资金运作与货量舒缓十分有利。特别是刚采收的新鲜批次并非是最佳批次，有时国际买家想抢鲜也想价格便宜些，买卖双方就达成了共识；如进入主采收期或拥有较优的批次，营运代表或合作社为了获得更高的售价，常采取惜售或拉抬价格的手段，不会将全部的收成都从第二窗口出售。以双重渠道出售，营运代表往往对有兴趣的买家喊价，希望买家能对想购买的批次在开标前拍定价钱；双方如未敲定采购协议，该批次就会回到拍卖系统中竞标，这时出价者可能来自各地，买家得面临各方的竞标。此种第二窗口交易与周二拍卖同时运作的方式，通常限于咖啡豆质量高且处理场或合作社有国外买主的情况，这让合作社或处理场可掌握传统投标代表，也有买家直接商谈，此种独特的方式，在生豆歉收时（2015 年迄今）更形成常态。肯尼亚的生豆已持续歉收，价格不断攀高，部分农民代表（处理场经理、合作社经理）与竞标代表已经熟练掌握这种交易

拍卖局的样品室。

模式。买方也会收集市场交易价，会根据前一两周的成交价与代理商或处理场（合作社）代表直接议价，通常根据前一周的拍卖价格（如AA、AB、PB等级数成交价）来协商价格。

肯尼亚的六大产区与处理法

肯尼亚以水洗豆闻名于世。虽然近年有少量的纯日晒豆和蜜处理豆，但肯尼亚传统以出售果实为主，很难说服咖啡农参与精制处理或改变交易习惯，因此所有的精制处理几乎都由水洗站完成。肯尼亚55%的咖啡是由70万个小农生产并送交所属的小型合作社精制处理的，其余产自私人庄园、大型农场或大型合作社（公司）。小型水洗站约由上千个小农组成，小农在采收季送来新鲜的咖啡果，高质量的果实与经营良好的合作社可以帮小农争取到高达85%的销售后净收入（指生豆售价扣除精制成本与营销费用所得）

前往肯尼亚，第一站通常是首都内罗毕，内罗毕海拔约1661米，除了正午通常不会太热。旅客在内罗毕被抢的消息时有所闻，出门要特别留意随身财物与人身安全。著名咖啡产区距离内罗毕并不远，咖啡圈习惯的行程也是先抵达首都然后往北走，兹介绍如下：

一、祈安布（Kiambu）与穆浪尬（Muranga）

首先，人们会抵达祈安布与穆浪尬，多数人喜爱的明亮肯尼亚酸及厚实的触感这里都能找到，加上离内罗毕不算远，产季期间不少国外买家会来此探访。

二、尼耶利

接着往北，就进入大名鼎鼎的尼耶利了。明亮的黑莓风味与厚实油脂感加上柑橘甚至花香，让肯尼亚咖啡驰名国际。

三、奇林呀尬

由尼耶利沿肯尼亚山脉往东即可抵达奇林呀尬，这里的咖啡豆也有明亮果酸风味，有着中度油脂感与细致的甜味。

四、安布区（Embu）

往东是安布区，安布区咖啡的酸不会像尼耶利的那么强劲，风味均衡、清晰且余味大多不错。

五、马洽柯斯区（Machakos）

离内罗毕机场不远（首都往南）的是马洽柯斯区。该区有后起之势，豆子具备清爽果酸与细致风味，中度的触感与细腻清新的尾韵很出名，相当吸引买家。

六、契西（Kisii）与艾尔贡山（Elgon）的邦够玛区（Bungoma）

西边产区的契西与艾尔贡山的邦够玛区，其咖啡风味与中部诸产区的很不一样，以中等厚实的甜感与较温和的风味吸引买家。该区部分水洗站的烤榛果与温和水果风也广受不喜欢明亮酸度的买家青睐。

实际拜访各产区合作社与处理场，发现很多处理好的批次其样品已被送往内罗毕咖啡交易所的样品室，进行拍卖作业的程序。当然尚未送样的可以进行协商并直接采购，即俗称的第二窗口交易。肯尼亚的拍卖交易制度源自伦敦贸易商占主导地位时期的痛苦经历，但肯尼亚的多重水洗法却闻名于世，连邻国埃塞俄比亚都向它学习。以下是从果实收购到精制处理的流程，也是肯尼亚水洗法的奥妙所在。

肯尼亚的果实收购与精制处理模式

肯尼亚采收、水洗处理、生豆分级说明如下（一至十五分别对应 074-

077 页图 1-15）：

一、庄园咖啡农采摘成熟果实，并陆续送至水洗站。

二、鲜果分筛（cherry sorting）。处理场在接收果实前会有一片空地供咖啡农再度分类，挑选出成熟的红色果实。

三、咖啡果实五类别。提醒咖啡农，只有打钩的红色果实才会被接受。

四、称重领单据。很多水洗站设有电子地秤，可直接将称重结果连接到计算机，并直接打印咖啡农的编码与该批次重量。咖啡农以该单据

1

2

3

4

5

6

7

作为日后结款的依据。

五、鲜果斗 / 仓（cherry hopper）。接收樱桃的漏斗状接收池，底下连接去果皮机，咖啡果实由此开始进行水洗法的精制处理。

六、从去果皮机中流出的咖啡果实已经去掉果皮，到此阶段机器会将果实按照密度直接分流两个不同的渠道。密度最高的 P1 和中等密度的 P2、密度最轻的 P3 流入不同的发酵槽内。

七、带壳豆在发酵槽内进行发酵，时间约需 12—36 小时，发酵时间视当地天气而定，最终以果胶层脱落完成为发酵结束的时间。

八、发酵结束后，带壳豆被导入另一个水槽并放入干净的水浸泡，这被称为静置槽静泡，静置时间要看是否仍有杂质浮现（或水是否有污浊现象出现），过程中，如有混浊则必须再换干净的水。这个阶段就是

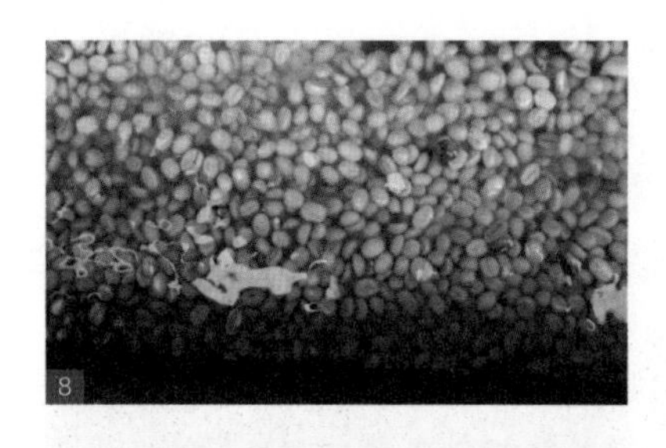

肯尼亚著名的双重发酵或是肯尼亚式水洗法的重点所在。时间要看是否静置干净或是后面的日晒架是否拥挤而定，12—36 小时皆有。

九、渠道清洗。发酵与静置完成后，带壳豆流入清洗渠道，多数渠道底部设有高低水位差的装置，将密度较高者拦下并导入另外的棚架区，密度较低者会导入品质较次级的棚架区。

十、由清洗渠道口接收的带壳豆。这区被称为 Skin Dry 区棚架，属于沥干水分区。通常带壳豆表面多数水分流干后就直接移往日晒棚架区，进行日晒。

十一、日晒干燥阶段。干燥时间视当地天气与带壳豆的含水率是否达到 10.5%—11% 而定，一般需 7—14 天，也可能会长达 20 天。

十二、日晒完成入仓（水洗站本身的仓库，也被称为中转仓库）。

12

13

十三、干处理分级。去壳后，按照豆子的尺寸分级，图为 Thika 干处理场的四个分级 E、AA、PB、F。

十四、按豆子密度再区分更高的等级。如果 AA 的密度太低，在这个阶段会被直接分到 PB 级，如下图（图 14）所示。

十五、生豆标识。由上至下可看出（图 15），本袋肯尼亚生豆的等级为 AB，批次编码为 19TK0048，生产年份为 2016—2017 年。

14

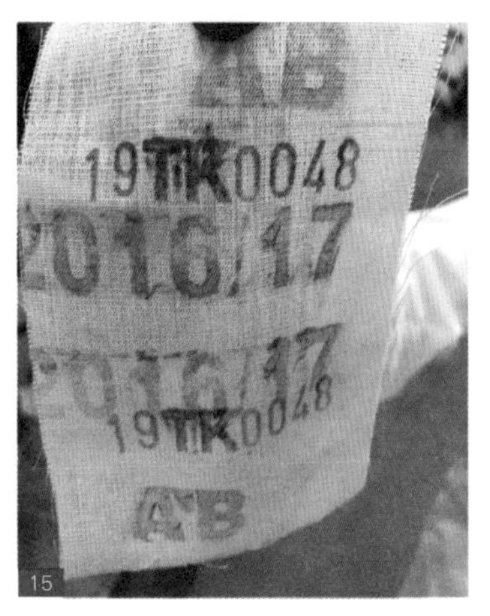

15

扬名国际的肯尼亚式水洗法：干净明亮的风味来源

肯尼亚咖啡以多重水洗法闻名于世。国际买家常要求以水洗法为主的产地增添蜜处理、日晒甚至实验型的厌氧发酵处理的步骤，但在肯尼亚却不多见，原因是肯尼亚生豆价格较高且生产量相对偏少，而全国约有 70 万小咖啡农，其中 55% 的果实都直接交给水洗站计价，农民不懂递交果实后的实际处理法。

肯尼亚的水洗站很重视发酵后的果实外观是否干净及含水量的控制。多数水洗法在果实的胶质层脱落后即洗净，且过程快速，但肯尼亚式的水洗法会多两道程序，发酵后再度引进一个干净水槽静置，之后还要在渠道进行人工刷（埃塞俄比亚也有这道程序）。有人称之为双重发酵法或双重水洗法，但其实发酵作用在果实第一次离开发酵槽后已经完成，因此正确的说法应该是水洗发酵后静置法或是水洗发酵后再度水中静置法，也有水洗站采用干式发酵法（发酵槽内不注入水的干式发酵法），发酵完成后再多次水洗，将果胶层完全洗净。

发酵后静置法

此法即俗称的“双重发酵法”，但这个名称其实容易造成误解，兹说明此法：收到果实筛选后立即对咖啡樱桃进行去皮，去果皮后的果实仍带有胶质层与浓厚的黏质，之后进入发酵槽中。此阶段发酵槽通常不会将水注满，因为要等不同密度的果实流入后再决定水的高度。而部分处理场还会循环利用发酵槽内的水，有人认为可节省时间或是增加发酵的作用（视水质状况调整或搅拌），发酵通常会在 12 至 24 小时内完成。发酵的目的是将果胶与黏质的成分予以分解，使这层结构更容易去除。发酵阶段要由发酵槽内的发酵培养液体与咖啡果实结合，其变化将带来苹果酸与有着肯尼亚特色的正面水果调性，赋予了肯尼亚咖啡以独特的风味特性。发酵会持续到大部分黏质与种子分离为止。结束发酵后，咖啡果实将被引入清洗渠道，由人工搅拌来帮助冲洗果实和去除已经松散的黏质。此阶段完成后，较低密度的漂浮物或低密度的果实会在完成的过程中被筛出，这是维持肯尼亚豆高质量与一致性风味的重要处理步骤。

再度引入水槽

发酵完成的果实在渠道清洁后，重复第一次的步骤，再度将果实引入发酵槽，但此次发酵槽中的水较满且仅使用干净水（如果有循环用水的话，在第二次入槽时会用干净水源）。本次将浸泡 12 至 24 小时（部分处理场甚至浸泡 36 小时）。因为在第二次的过程中，咖啡果表层几乎不太有糖或是夹缝残留的黏质成分，所以可用来发酵的养分太少，第二次入槽其实不具备发酵作用（因为干净的水与洗净后的带壳豆并无基质供应养分来进行发酵）。第二次清水浸泡，被公认为是肯尼亚咖啡更干净且酸更明亮的主要原因。完成后再度引进清洗渠道重复第一次发酵完成后的工作。

干式发酵水洗法

果实采收后直接以碟式去皮机去掉果皮，并将去皮后的果实导入发酵槽，以无水的方式进行干式发酵（发酵槽内无水的发酵方法），通常每隔 6—8 小时，引水进入槽内，刷洗带壳豆，去掉黏质。之后将槽内的水排净，再度进行干式发酵。如此反复数次，直到果胶层脱离，方将带壳豆排出水槽，进入下一个阶段的渠道清洗。之后再引入有干净水的水槽静置约 24 小时。此种干式发酵法因为槽内无水，温度通常较槽内有水时高，较高的温度有利于发酵，但需要妥当控制，以免发酵过快，风味受损。无论清洗几次，当发酵完成后，将带壳豆导入有干净水源的渠道，让完成发酵的带壳豆随着水往下流到下一阶段的清洗渠道（通常会按照处理站的地势与处理阶段的顺序来设计清洗渠道）。

肯尼亚著名的清洗渠道与后续作业

清洗渠道，也称人工清洗渠，利用清洗渠的高度在底部设计拦截的装置，让豆体按照密度有不同的分布区域。其原理是更重的带壳豆会落到通道的底部，较轻的带壳豆或其他漂浮物会浮在水面。以质量来说，上面较轻的带壳豆质量确实较差。工人会沿着渠道用力刷洗与推进，他们会用木棍或扫帚等加速清洗作业，其动作是系统地上下搅动渠道中的带壳豆。清洗作业完成后，所有清洗后的带壳豆将被移到较高的棚架上进行日晒干燥。棚架上都会铺网，让带壳豆的水分可以滴下、空气可以流通，空气流通性佳可加速带壳豆的干燥。这些带壳豆干燥时间在 10—20 天，之后带壳豆

发酵完成后的清洗渠道作业。

肯尼亚的生豆分级

常见的 AA FAQ 级数指 FAQ（fair average quality，指普通等级）的质量，而 AA 表示符合 AA 这一级数的大小与密度，AB+（AB Plus）为 AB 尺寸，但有着很高的杯测质量，风味与酸质很高才可被列入此级数。肯尼亚咖啡的分级是在干处理场脱壳后进行的，果实采收后在小农合作社的湿处理站进行采收后的第一阶段处理，完成日晒后，将带壳豆运往干处理场做去壳然后分级的后续作业。干处理场将带壳豆去壳后，会将豆子依豆体大小、外观特征与豆体密度分为下列 8 个级数，分别是：

E：19 目以上的平豆，或称象豆（Elephant bean）。

AA：17—18 目（7.2mm—8.2mm），平豆（每颗果实内有两颗豆子称为平豆）。

AB：16—17 目（6.2mm—6.8mm）。

PB：即圆豆（4.7mm—6.6mm）一颗果实里通常会有两颗豆子，一颗果实里只有一颗豆子的就是圆豆且外形是椭圆形。

C：14 目以下（4.0mm—6.3mm），因尺寸太小而不列入精品级数。

TT：目数虽大（15—18），但密度低（豆子重量较轻），且品质足以列入精品级（通常是由 AA 与 AB 筛选下来，密度轻且质量不足以被列为 AA、AB 的）。

T：小颗粒（目数在 14 以下）且密度与品质无法列入精品。

M：Mbuni（发音为目密）属于低品质的日晒级，通常是果实在树上干掉的生豆、过熟豆或季末残留在树上的果实。这种果实不进行肯尼亚式的水洗—发酵作业，直接在地上或在棚架上进行日晒处理。此种日晒豆属于低质量的级数，通常仅供肯尼亚国内市场。

将被移至另外的地点储存。湿处理场完成水洗发酵后即进行下一阶段的日晒干燥，有些湿处理场会在带壳豆被晒至含水率约 13%—16% 时停止干燥，转放到湿处理场内降较阴凉的仓储处，做静置存放（有时储放 3 个月）。仓储设施的环境温度与湿度很重要，必须让这些带壳豆进行缓慢干燥至含水率达 10.5%—11.5%，之后即可进行去壳的干处理。合作社经理在这个阶段会决定将其送至干处理场进行去壳分级与后续的销售或拍卖作业。

完成精制处理的生豆最终会标示生豆的级数、批次码与各处理阶段单位的编码。在各批次中，可能少至数位咖啡农、多至数百位咖啡农所生产的豆子皆于同日被筛选在同一生产批次，要清楚追溯是谁生产的这个批次很困难，最多就是某日某批次的咖啡农们。这也是非洲日批次即是最小的精品源头的背后原因，寻豆师最多只能追溯至咖啡农们于某日送来的果实所占该批次的比例而已，实在无法与中美洲的庄园咖啡比拟。多数非洲农民仅知道种植与采摘，对采收后的作业所知甚少，甚至可能没喝过自家产的咖啡。

当前述的带壳豆在仓储过程中存至湿度达到标准（10%—11.5%）时，则由合作社送至大的干处理场进行去壳与分级，之后可选择直接销售或送至拍卖场与买家进行直接交易。

寻豆时机

我通常会避开 12 月采收初期的新豆，因为太新鲜。

1—2 月已经可密集测试较优的样品，是前来肯尼亚寻豆的好时候。早期我仅挑黑莓果酸明亮且有厚实触感的尼耶利区的生豆，辅以复杂丰富的独立批次。这些独立批次仍以盲测的方式让样品自己“站出来”，倒是不限定产区，盲测往往让人发现惊艳的新区或新处理场，例如 2018 年的马洽柯斯区就出现两批独特的好货。

前来肯尼亚选豆，通常我仅登记“批次与质量”两个项目而已，这表示无须以处理场、地名或合作社为采购依据。深入了解高质量批次的生产过程就会明白，质量源自当年的天气、农民的照顾、细心摘采与筛选、水洗站的严谨精制流程与把关。到了 1 月中旬，多数处理场或合作社的精制处理已由巅峰进入尾声，当年的风味质量与走向（采收量、级数、风味反应）已有定论，指名采购特定处理场或大庄园的豆子通常是出于维系买卖双方长期关系的考虑，我们属于小型直接采购商，只希望关注当年的最佳质量。以欧舍曾采购多次的卡拉够陀（Karagoto）为例：

肯尼亚的合作社或处理场在采收季开始前即准备应付繁忙的采收后精制流程。当首批果实送进处理场后，即展开一连串的精制处理，直到采收处理季结束。卡拉够陀是塔虔谷农民合作社旗下三个水洗站之一，另两个水洗站是铁谷（Tegu）与刚谷鲁（Ngunguru）。2016、2017连续两年，经过盲测后，我选购了两批甚优的卡拉够陀生豆。但当年去内罗毕挑豆时，我从来不曾主动跟合作社代表说我一定要买你的卡拉够陀，反而请教他们：到目前为止，你们处理场比较优质的批次有哪些？可优先安排杯测吗？我记得同一年份的卡拉够陀可能超过十个批次，实在无法指望它们都具备同样的水平；根据批次质量来决定是否采购，而不是根据处理场的名气来买货，是我在非洲学到的功课。出名的处理场确实有固定的知名买家愿长期出高价买好批次，处理场也重视这种关系，但那是付出高额代价建立的长期采购关系。为何贸易商愿意长期购买同一处理场的咖啡？除了买卖双方的关系，更关键的是肯尼亚合作社与处理场精明的营销经理。

近几年远赴肯尼亚的生豆商都在拼早。除了产量锐减，2015年开始的气候异常与雨讯不定造成产量忽高忽低，且远低于市场需求，尤其是中价位的AA级，想以好价钱买到好货就必须算准时间。精明的贸易商由12月开始到来年1月底集中前来肯尼亚杯测选豆。产季初期较容易谈到好价钱，风险是，你必须很精明且擅长辨识高度新鲜的肯尼亚新豆样品。它鲜明锐利的酸常伴随着浓郁的新鲜草本甚至刺激杂味，很多人不喜欢，甚至给的杯测分数不太好看，唯有经验丰富的当地老手与部分长期投入心力找豆的高手，才能辨识出有潜力的优质批次。在高强度的大量杯测中，例如在一天60—150批很新鲜、尚未入仓库存放的样品中挑出好批次，可不是靠运气的。否则，就会被合作社或处理场品管师摆布。你得有方法与技巧迅速找出你要的批次，因为与前往其他国家的产区相比，到肯尼亚买豆花的价钱很可能是最高的，那种选豆压力，未亲身经历过，实在难以想象！

采购与溯源的难处

如果仅在产季内来一次，来得太早，能测的咖啡总是有限，即使每天杯测 200—400 杯，也仅是到访那几日的随机批次；来得晚，好批次所剩无几。老手会在采收季拜访内罗毕两到三次，既能找豆，也能面对面与处理场或合作社建立更深的交情，将采购的批次整合安排。利用第二窗口直接采购，更需要直接在产地杯测与议价。通常合作社或处理场会将样品送给买家的代表或送往拍卖局排序进行拍卖，买方可以按目标质量来选豆，只要在拍卖前双方议好价钱，就可直接买走。有时测到很喜欢的样品，但处理场已经送拍且不愿意将送拍的批次抽退，那只能到拍卖局见真章了！老练的处理场（合作社）营销经理多具备抬价的伎俩，不愿将极优的批次直接出售，想让更多买家来竞争，并借由追逐者传递他拥有好批次的信息。实际来看，目前的交易与采购方式的确可以鼓励有好批次的初级合作社与处理场，虽然仍有不少买家是以级数（如肯尼亚 AA）或大产区（如尼耶利）来决定买货标准的。

对于能持续产出优质批次的处理场或初级合作社如卡拉够陀或葛夏莎，买家会持续拜访并购买，确实会对其产生影响与回馈，但仍无法明确知道是哪些农户生产出了最高质量的咖啡，仅能让这些初级组织拥有较好的声誉与直接买家。而处理场给农民的果实价钱是按照农民送交的果实重量计算的，以制成生豆的出售价（拍卖成交价），并除掉所有的精制与营销成本发放给农民。绩效好的处理场能付给农民高达 85% 的总销售金额，并以“高质量 = 高售价 = 农民的高收入”为鼓励方法，让农民建立精挑好质量果实的观念并付诸行动。小农在果实成熟时，将采下的果实送到合作社的水洗站并于当日直接进行精制处理，处理场登记送来的合格果实数量（合乎基本质量被水洗站接受的），记录较仔细的处理场会持续登记去皮精制处理，包括发酵槽与发酵后的质量分类与数量（这已经是最细微的质量分类了）。最终批次码会标示出生豆的级数，每个批次可能包含了少至几个农民、多至数百位咖啡农送交的果实，批次的编码如果能回溯到农民当日送来果实所占的比例，就已经算是最源头的生产者信息了，也仅能做到这个程度而已。中南美洲流传的咖啡农与庄园的故事，或看到农民在庄园前侃侃而谈的画面，不容易出现在肯尼亚。

合作社与处理场在批次即将完成的阶段展开销售动作，其决策跟竞标拍卖或第二窗口直售有很大的关系。以我拜访的处理场为例，如无确定买家或不清楚买家要的质量类别，通常处理场营运经理会将样品直接送往每周二的拍卖会场；有买家的处理场会留样让买家杯测，但并非全部直接议价卖出，部分直接谈好价钱、拟定合约，大部分批次还是会送至拍卖所。多数买家认为肯尼亚处理场缺乏忠诚度或长期配合的意愿，且质量不见得维持在高端，时常发生签约了但拍卖所也有同样级数出现的情况。两个渠道并行销售的情况不难理解，以卡拉够陀来说，它有很优质的批次，也有颗粒虽到 17—18 目（外观尺寸可列入 AB 甚至 AA），但杯测可能只有 80 分而已。处理场不愿意以太便宜的价钱出售，如果你只买这个合作社的高价批次，又不全部买下，也不想以高价购买杯测质量较低的批次，双方就无法达成全面的共识。

另外，以肯尼亚著名的都门公司（Dormans）为例，该公司每年在产季高峰会由拍卖局与直接交易（第二窗口）的样品中杯测 1400 个批次的样品，协助各国买家根据其质量与数量需求进场竞标或直接协助议价。肯尼亚的拍卖局与第二窗口，特别是处理场能直接销售的系统（处理场交易系统，由处理场来经手交易与协商）双轨并行。买家想与生产者建立直接关系不容易，因后续的处理流程与质量管理全要依赖水洗站，农民除了递交高质量的咖啡樱桃果，关键的步骤掌控在水洗站，所以买家只能与水洗站建立长远的关系，当然与农民的语言隔阂也是重要原因。虽然最可行的方式是长期购买且重复性拜访，但那也仅限于初级的合作社或是处理场阶段，仍然无法与农民建立直接联系！实际上，多数国际买家选择于内罗毕当地寻找代理人或联络人处理采购事宜。前述都门公司的杯测团队必须杯测所有营销代理与配合的合作社（处理场）提供的样品，在主产季与副产季每年至少杯测 22 个星期。对于其国际客户，特别是追求精品的买家来说，焦点在 AA、AB（AB+）和 PB 等级数上，都门公司也有不少采购更大量的商业等级批次的客户。

溯源的难处

了解采购时机后，再来谈生产源头的难处：肯尼亚 75% 的咖啡由小农栽种，他们通常仅有 50 至 500 棵咖啡树，采收期时，小农将采收的成熟果实送到所属的合作社接收站处理（或直接卖给处理场），这种小额采收量仅能换取微薄金钱，而且无法马上拿到现金。对买家来说，你能了解的源头通常仅到水洗站或处理场而已。如果检视这些接收站的数据，得到的往往是农民交货（新鲜果实）的数量，能记录到原始接收到的果实是来自哪些生产者，但不清楚生豆的特定批次究竟是谁生产的，这就是可追溯性的主要障碍。详言之，如果直接从特定的合作社、水洗站或处理场采购，购买其较优的批次，通常每批次约 10 至 50 袋（每袋约 60 公斤），或许可得知所有提供果实的农民及他们递交的数量。但因为处理的果实是按照质量和筛选出的尺寸大小进行的生豆分类，农民缴交果实后的记录要依赖处理场的作业与记录，记录如不详尽，且无法由果实一路记录到发酵后的生豆分级，就无法清楚了解每个人递交果实的质量与分类后所占重量的比例。更别提还要按生豆密度与颗粒大小、感官评鉴等决定最终的生豆级数，这都是接收后展开精制处理、一直到去壳分级后才能详细得知的信息。举例来说，如果某合作社总计产出 200 多个批次，某些批次以每磅 6 美元直接卖给欧舍，而某些批次以每磅 3 美元拍卖，甚至更低的级数无法出口，只能卖每磅 0.3 美元，总计以上的收入并扣掉精制处理的费用、营运营销成本后，合作社最终会付给所有递交那 200 多个批次果实的农民约 85% 的货款，并按照递交的重量来分配与付款。运作良好的合作社为农民提供财务融资或预付货款，这都属合作体制的服务范畴。如果你是那 200 多个批次中生产最好果实的农民，得到的报酬与其他递交一样数量的农民的报酬是一样的。只要提供的是成熟果实，大家都按照递交的重量来分配所得金额。听起来不公平吗？但农民不是自行处理采收后的果实，大家都是合作体系的一分子，只能期待较高质量的总产出可以获得更多的总额收入，分配下来，每个人的平均收入也得到提升。难怪肯尼亚发展出来的新品种必须在质量与果实颗粒大小上并重，以能生产高质量但目数也较大的品种为前提，且必须兼顾生产量，因为这都与农民的收入息息相关。

肯尼亚选豆的技巧、闻名的水洗发酵与干处理后的分级制

明白买豆时机与生产批次的来龙去脉后，接着进入更细节的“肯尼亚快筛选豆”，一探肯尼亚水洗法的关键细节。下图为肯尼亚咖啡研究机构与当地同行惯用的分级与鉴定质量的系统图，兹解释如下：

肯尼亚生豆的级数共有 10 级（Class 1—10），根据研究机构的肯尼亚生豆质量的分级程序进行分类，根据以下三者来决定：生豆质量（Raw quality）、熟豆质量（Roasted quality）与杯测品质。

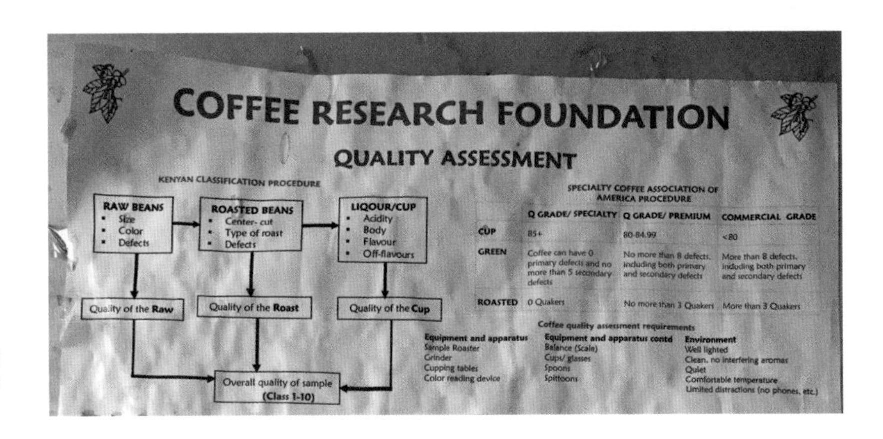

挂于肯尼亚咖啡研究机构墙上的“质量评价系统”照片。

一、生豆质量：生豆目数、生豆颜色及生豆瑕疵。

二、熟豆质量：中线、熟豆状况（如有白豆否）与熟豆瑕疵。

三、杯测品质：酸质、醇厚度、风味和负面味道。

根据杯测质量快筛的技巧

由于肯尼亚的主采收季很密集且批次量都不多，频繁的杯测几乎是各大合作社与处理场主要贸易商很常见的情况，而当地自有一套快速筛检出高质量批次的技巧，即俗称的三大指标：酸质、醇厚度、风味，且分别以1、2、3代表不同等级的质量（如包含商业级数，则分为1—6级），详情如下：

酸质

1：Strong（酸度1），表示该样品有强烈且好的酸质。

2：Good（普通等级+），酸度清楚且还不错。

3：Reasonable（普通等级），酸度普通但没有负面的酸味。

醇厚度

1：Heavy，触感的质地强烈且质量很好。

2：Good，触感的质地算好。

3：Reasonable，有触感，质地不算好但也没什么缺点。

风味

1：Strong，强烈的好风味。

2：Good，风味算好。

3：Some，有一些风味，虽不太明显但没什么缺点。

常见肯尼亚当地杯测师杯测时念念有词：1-2-1、2-2-2 或 1-3-3 等，这些都是高手的快筛法！1-2-1 表示酸度与风味都很强烈（都是 1），但醇厚度还算好（得到 2 的等级），如果是 1-1-1，那产地价每磅大概都要超过 15 美元了！

买家在杯测肯尼亚豆时，会描述它漂亮的莓果酸、柑橘风味或浓郁香气与饱满均衡的触感，然后依赖杯测总分（无论是美国精品咖啡协会评分表还是买家自创的评分模式），但速度通常太慢，无法应付繁多的样品。此时，如借用肯尼亚当地专家的快筛杯测法，当另有一番效果。

采购时，我依然采用盲测，不看处理场也不看品种，先取高分的批次，接着以样品编码来追溯处理场、品种、处理法。

我会采用盲测，不看处理场名称也不看品种，先取高分的批次，接着以样品编号来追溯处理场、品种和处理法三大重点。

多数水洗站提供的品种仍以 SL28、SL34 为主并辅以少量的鲁依鲁 11（Ruiru 11），这三年又多了巴提恩种。

肯尼亚咖啡的主要品种与 SL28、SL34 释疑

本篇一开始的三大疑惑中提到 SL28 品种与史考特实验室，经实际拜访肯尼亚咖啡研究机构后，得到如下解答：

肯尼亚独特的咖啡品种 SL28 与 SL34，都是从史考特实验室（SL）培育出来的，是单一品种经多次培育后的筛选品种，简称 SL28 与 SL34。要特别注意的是，该实验室由不同产区遴选出 42 个树种，SL 只是该研发系列的前缀名称，不表示它们都是同一品种。

关于 SL28 品种

SL28 是非洲最知名和最受欢迎的咖啡品种之一，从 20 世纪 30 年代由肯尼亚当局释出后，先在肯尼亚栽种，之后传播到非洲的乌干达，目前在中美洲也备受关注。此品种适合中高海拔地区，有抗干旱能力，但仍易感染主要的咖啡病害。

SL28 品种有三大特色：

一、容易栽种，无须特别照顾；

二、豆形大颗，收获量高；

三、风味品质甚佳。

肯尼亚当地还有 SL28 的老树，树龄超过 60 年，仍结果可供采收。SL28 是史考特实验室当年筛选推出的单一品种，如今实验室已更名为“肯尼亚全国农业实验室”（NARL）。该实验室在 1935—1939 年间遴选了 42 个来自数十个产区的咖啡树种，进行生产量、质量、抗旱性和抗病性的多元研究。SL28 是从抗旱种群的单一树种中被选出，之后不断配种改良而成的。据文献记载，在 1931 年，史考特实验室的研究员特伦奇（A.D.Trench）到坦

干依喀区（现在的坦桑尼亚）进行田野调查，他注意到摩都立区（Moduli）种植的一个咖啡品种似乎对干旱、疾病与害虫具有耐受性。特伦奇收集该种子并带回史考特实验室经过多次且广泛的育种研究，实验室终于推出了摩都立区该品种的后代 SL28。SL28 被认为是史考特实验室在当年研究育种时期开发出的单一品种，并非向外传递后由波旁种系突变或混合培育种，近年来的基因研究已经证实了 SL28 隶属波旁基因群组。

SL34

肯尼亚豆中常出现的品种还有 SL34，也源自同一个实验室。20 世纪 30 年代后期，史考特实验室于肯尼亚私人庄园选定了单一树种来做系列培育。1935 年至 1939 年间，史考特实验室以其名称中两个英文单词的首字母“SL”为系列名称进行单一品种培育计划。由于史考特实验室从肯尼亚卡贝特区（Kabete，位于内罗毕往祈安布的方向）的洛雷萧庄园（Loresho Estate）的咖啡树中选出一棵作为 SL34 系列的品种来源。因史考特实验室与私人庄园合作，且这棵树属于私人产业，所以被贴上“法国传教士”（French Mission）的标签。传说 Spiritans 派的法国传教士，于 1893 年在位于肯尼亚的塔宜塔山丘的布拉（Bura）建立了一个传教处，并在附近农园栽种了他们由留尼汪岛带来的波旁种子。1899 年，布拉的幼苗被带到圣奥斯汀（内罗毕附近）的另一个法国传教团，在那里种子被分给了愿意种植咖啡的居民。因此，波旁种被称为“法国传教士咖啡”。法国传教士将留尼汪岛的波旁种传播于世，因此“法国传教士”俨然成为波旁种的另一个代名词。由于 SL34 取种的那棵树标有“French Mission”，因此大家认为 SL34 是波旁种。但是根据世界咖啡研究组织的说明，SL34 经基因测试后其实较接近铁皮卡。因此法国传教士与 SL34 的故事可能不实。实际杯测同一处的 SL34 与 SL28，很容易察觉 SL34 的酸度较温和，而 SL28 的酸度浓郁且明亮。

SL28 掀起的风潮

SL28 的故事完全不同于 SL34，SL28 的风味确实带有原始波旁明亮的调性，甚至有摩卡原始种丰富的酸度与其他更复杂的风味和浓郁的触感。特别的是，唯有栽种在肯尼亚的 SL28 才有此鲜明的调性，栽种在其他国家的 SL28 仅有相似风味而已。

萨尔瓦多的 SL28

2008 年，我在萨尔瓦多圣安娜火山海拔 1800 米以上的梦幻庄园拿到了它产出的 SL28，其风味细致，酸质劲道，但还是无法取代肯尼亚的强度。诚然，酸与风味的强度不是质量的唯一考量因素，不过当我们探讨品种特性时，就必须把肯尼亚的整体饮用体验与感受考虑进去，这也是 SL28 引人入胜之处！

<
加昆杜农民的 SL28 咖啡树的开花盛况。

>
作者于 2018 年拜访尼耶利产区时所拍的 SL28 品种。

2018 年，我再度拿到萨尔瓦多海拔 1200 米的好风庄园的 SL28，庄园主特别以蜜处理法进行精制处理，其风味不同于肯尼亚原产地，有蜂蜜与甜青柠汁口感，些微的红莓果风味，余味的花香与焦糖甜很讨喜。

包括巴拿马著名的翡翠庄园、危地马拉的圣费莉萨都加入了栽种 SL28 的行列，SL28 品种已经在全世界蔚然成风了！

SL28 与 SL34 两大品种自肯尼亚咖啡出口以来，很长一段时间占栽种品种的 90% 以上。随着时间推移与病害的袭击，肯尼亚当局持续由各品种的研究选择和育种过程中，找出了解决咖啡浆果病的方案，而在抗旱性、稳定风味质量、抵抗叶锈病和粉蚧等病虫害的要求下也引进了其他品种，包括 1931 年引进的牙买加蓝山种及后来的 K7 和 K20，于

鲁依鲁 11 品种（矮小树种，如果与 SL28、巴提恩比较就更明显）。

巴提恩种（豆形大颗，树种高大）。

1934 年在梅鲁区种植，前者抗叶锈病，但风味较差，后者容易出现咖啡果蠹虫病。因此在 1986 年，实验室发布了鲁依鲁 11，这个品种可对抗咖啡浆果病和叶锈病等病害，但它还是有罗布斯塔（Robusta）基因，导致风味质量远低于 SL 品种。之后发布的最新品种巴提恩保留了大颗豆形与高产能的两大特色，其风味也比鲁依鲁 11 好很多。

史考特实验室的历史

史考特实验室现在已改为肯尼亚全国农业实验室，该实验室由英属殖民地政府于 1922 年在肯尼亚建立。它隶属政府农业部并向肯尼亚咖啡农提供技术咨询服务与栽种相关的训练。农业部的咖啡办公室在 1934 年搬至史考特实验室，农业部提供 24 英亩地专用于咖啡研究，其中包括咖啡栽种实验林区。史考特实验室的名称源自该大楼建筑物的历史。它是建于 1913 年的疗养院，第一次世界大战期间作为战时医院，由于该建筑物是以苏格兰教会的传教士亨利・史考特博士命名的，因此当 1922 年农业部接管该建筑时，他们特别将实验室命名为史考特实验室。史考特实验室当年的成立宗旨是“对进口的咖啡品种做广泛研究，并选出有着理想特性的单一树种来种植”，其

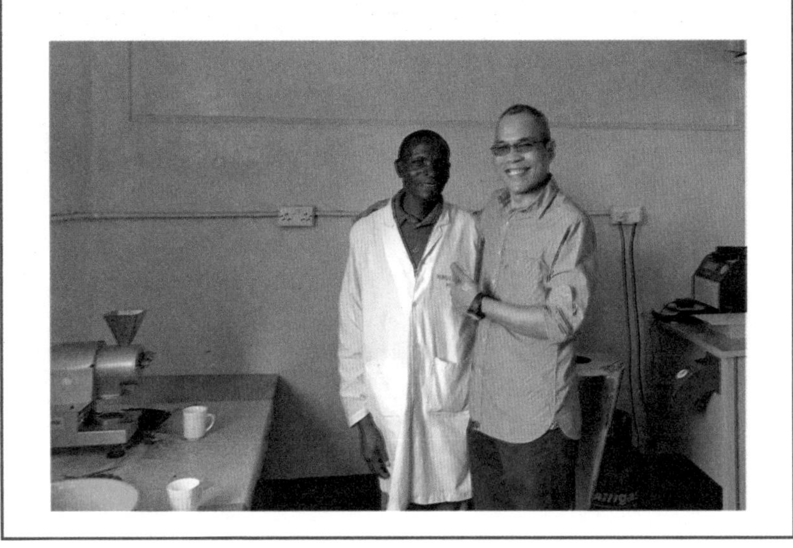

作者造访农业实验室。

他工作还包括生产量试验、嫁接试验、修剪枝、遮阴栽种试验和根部覆盖作物研究等。1944 年，肯尼亚政府决定将咖啡研究工作转到更专业的机构，提供更大、更好的现场实验设施，也就是现在的咖啡研究机构，隶属肯尼亚农牧业研究组织（KALRO）。它位于鲁依鲁以北约 32 公里处，占地 380 英亩（约 2306 亩），于 1949 年开始运行至今。

右边红墙内白色壁上面有肯尼亚农牧业研究组织的标志与该机构的全名。

寻豆实例与风味特色

在适当的时机到肯尼亚专心测出你喜爱的批次，是肯尼亚寻豆可行的方法。倘若不能前往，在你的烘焙室杯测信得过的代理商寄来的样品也行。非洲的独立庄园毕竟是少数，多数好咖啡都是批次生产当日递交果实的生产者们联手的杰作。明白此情况就不难理解十袋生豆可能是由上百位小农的果实组成的，而肯尼亚的独立庄园其实早期也以庄园名来出口咖啡，但多属于财力雄厚且有能力直接出口或直接与国外买家联系的庄园。如果考虑更接地气的独特批次，不妨前往处理场或初级合作社一探究竟，尤其是曾创下拍卖高价的单位或多或少都有好货可寻。请记得多数咖啡仅能追溯到初级合作社（以邻居或村落为单位的小组织）或小型水洗站。肯尼亚豆以合作社或处理场的名字作为对外批次的名称，是肯尼亚现阶段的常态也是限制。以下以 2017—2018 两个产季的四个水洗站为例说明其风味特征，作为肯尼亚寻豆的重要参考。

（一）威立亚处理场

威立亚处理场（合作社模式）隶属刚朵利（FCS）合作社，位于肯尼亚恩布郡产区，海拔约 1690—1750 米，该合作社成员约有 1080 人。威立亚主要的咖啡果实来自奇里居（Kirigi）、奇妮（Kiini）、慕康固（Mukangu）与卡商嘉利（Kathangari）这四个村落，而合作社成员也多来自这四村，处理场规定旗下成员必须长年栽种咖啡，不可任意更换作物，几乎所有会员对合作社的政策都可以接受，也有极高的向心力。每个农民平均种植约 350 棵咖啡树，种植面积约 1 公顷。该地区的农民也种植其他经济作物，包括百香果、香蕉、高丽菜、胡萝卜和茶叶等。处理场在旺季会雇用 3 名管理人员及 30 名临时工来应付繁忙的采收处理期。

威立亚处理场设有 9 个废水坑，用来收集、处理水洗与发酵过程中产生的废水，远离河流，防止废水对河流造成污染。成熟果实采摘后集中送到处理场的接收区，将成熟樱桃先浸泡并分离未熟果与杂质，再经过加工去除果皮和果肉，这即是该区著名的肯尼亚湿式加工法。整个过程产生的废水会先置于浸泡坑中，接着进行循环再利用。

威立亚处理场有多段监控与处理阶段，例如分离果皮与初步去掉果胶层用的是具有三组碟盘的去果壳机，用来去除咖啡果实外层的果皮及硬壳外的果肉。威立亚处理场采用的是“双重发酵法”。在去除果肉后，将咖啡整晚发酵以分解糖类与果胶质层，然后视剥离情况是否完整再决定是否进行洗净程序，接着浸泡，之后再洗净，确认果胶层处理干净后将带壳豆均匀散布在架高的干燥台上。从发酵到放置棚架进行日晒前的过程约需 48—72 小时。干燥台上的干燥时间取决于天气、环境温度和加工量等条件，总共需 15 天左右。等含水率达

2017 年肯尼亚威立亚处理场资料与杯测报告

国别：肯尼亚
产区：恩布郡
处理场：威立亚处理场
品种：SL28、SL34
处理法：肯尼亚水洗法
采收期：2017 年

杯测报告：欧舍烘焙度 M0+
干香：花香、柠檬、蜂蜜
湿香：香草、奶油香、蜂蜜甜与明亮果酸香
啜吸风味：柠檬酸香与蜂蜜甜明显，油脂感很好，有着香草植物、蜂蜜甜、红色莓果、黑醋栗、黑巧克力风味，余韵持久

到 11.5% 左右，再将其移至阴凉的木制储存区放置晒干的带壳豆，之后送往干处理场准备最后的去壳分级与销售。销售决策视当时拍卖局的标价与国际买家的联络情况或兴趣。以 2017 年为例，最优的 AA、AB、PB 总计有 80% 被送至拍卖局，而仅有 20% 被直接销售给国外买家的代表（第二窗口）。

（二）卡萨瓦处理场

2017 年，肯尼亚咖啡的产量持续下降，生豆价格飙升，几乎没有赢家。我在年初主产季进驻肯尼亚约一周，持续杯测百来批样品，最终挑定 12 个批次。其中的卡萨瓦（Kathakwa）上市后令不少咖啡爱好者持续追逐。

卡萨瓦处理场位于恩布郡，海拔在 1600 米以上，成立于 1964 年，目前有 1050 个会员，是奇布谷（Kibugu）合作社旗下的小型初级处理场与村里合作社。卡萨瓦的农民来自奇布谷与 Nguviu 两个村落，目前的处理场经理是 John Njue Kamwengu。在主采收期，John 会多雇用几位临时工来协助他繁忙的品管与处理作业。

威立亚处理场前的标志。

卡萨瓦区的年降雨量约为1500毫米，主雨季是3月至5月，次雨季是10月至12月，恰好也是两大产季的分野，11月至来年1月是主采收季，5月至6月是次采收季，年均温度仅12℃至25℃。

农民平均拥有200棵咖啡树，大部分栽种品种为SL28，有少量的鲁依鲁11用来提升产量并作为病害时的替代树种。

卡萨瓦的处理作业如下：

咖啡樱桃在去除果肉后发酵一整晚，用来分解黏质层中的糖类，然后将其洗净、浸泡约24小时，接着再将咖啡均匀散布在干燥台上。置于干燥台上的时间取决于天气、环境温度和加工量等条件，总共可能需要7至15天。之后将带壳豆放置于阴凉干仓存放。

卡萨瓦自20世纪90年代开始以提供精品著称，虽然年产量少，但合作社仍乐于学习并参加“咖啡管理服务项目”（CMS）。此项目的长期目标是通过为农民提供的教育和训练、农业贷款、良好农业实践研讨

卡萨瓦处理场大门。

卡萨瓦处理场资料与杯测报告

国别：肯尼亚
产区：恩布郡
行政中心：恩布
合作社：隶属奇布谷合作社体系
处理场：卡萨瓦处理场
品种：SL28、鲁依鲁 11
海拔：1600—1700 米
成员：1050 人
级数：AB
标示：欧舍直接批次

杯测报告：欧舍烘焙度 M0+

啜吸：细腻，有着深色莓果、蜂蜜甜、黑醋栗风味，干净度佳，余味很持久

卡萨瓦的棚架日晒区。

会及每年持续更新的《可持续农业手册》等来增加咖啡生产量。例如有农民建议由合作社提供肥料，用来扩大产果量。说来难以置信，肯尼亚咖啡农递交樱桃果后，平均要五个月才能拿到现金，因此，合作社的财务与现金周转能力决定了旗下咖啡农的向心力与提升质量的能力。想要有好质量，先解决冗长的付款机制，引进咖啡管理服务项目是极大的进步！

卡萨瓦与加昆杜（Gakundn）合作社都已通过 4C 和 Café Practices 的认证，也就是由我们向生产者支付更好的价钱，让咖啡农更早领取现金，让咖啡农与直接采购的我们达成共识。与咖啡农建立透明与信任的关系才有助于果实加工模式的稳定与持续发展，对提高肯尼亚优质咖啡的生产标准非常重要。本批次的级数为 AB，属欧舍直接采购的独家批次。

（三）加昆杜合作社

2017 年，咖啡农出售的果实虽获得高价，但产量剧减，现金收入也大幅下降，买家虽付出高昂的价钱，数量却未能满足市场的总需求。在此环境下，加昆杜的精挑小圆豆以优异质量脱颖而出，通常圆豆的价钱远低于大颗的 AA，这批加昆杜由于出众的质量，轻易让合作社以较好的售价直接卖给欧舍（第二窗口交易）。

加昆杜合作社位于首都内罗毕以北约 150 公里的恩布郡，成立于 20 世纪 60 年代，旗下一共有四个处理场，包括加昆杜、加库义（Gakui）、坎威屋（Kamviu）、吉邱祖（Gichugu），成员有超过 3000 位，均来自恩多里地区，该区海拔约 1720 米。本合作社均由小农户组成，农民平均拥有 250 棵咖啡树，大部分栽种的品种为 SL28，也有少部分的鲁依鲁 11 用来提升产量并作为病害时的替代树种。该区位于肯尼亚山脉，有肥沃的火山红土，卡坪卡吉河（Kapingazi）提供了栽种与处理用水。

加昆杜合作社资料与杯测报告

国别：肯尼亚
产区：尼耶利，恩布郡
生产单位：加昆杜合作社
品种：SL28、鲁伊鲁 11
海拔：1720 米
会员数：3654 人

杯测报告：欧舍 M0+ 烘焙度
杯测风味：覆盆子、黑樱桃、蜂蜜、红醋栗、巧克力

加昆杜合作社的五大宣示。

主采收季在10月—12月，次采收季在4月—5月。咖啡樱桃在去除果肉后发酵一整晚，用来分解黏质层中的糖类，然后将其洗净，浸泡约36小时，接着再将咖啡均匀散布在干燥台上。置于干燥台上的时间取决于天气、环境温度和加工量等条件，总共可能需要7至15天。加昆杜合作社正在参与咖啡管理服务项目。

加昆杜合作社已通过4C和Café Practices的认证。加昆杜的会员数算

^ 肯尼亚的公平贸易组织与加昆杜合作社合办的庆典活动。

v 加昆杜工作人员于水洗发酵完成、首日日晒后，将带壳咖啡带离棚架区。

庞大，除了水洗站的活动，肯尼亚的公平贸易组织也与之交好。

（四）盖沙伊西农民合作社

盖沙伊西农民合作社处理场位于肯尼亚中部的尼耶利。尼耶利是肯尼亚最著名的咖啡产区，该区咖啡农出售果实的收入往往比其他区多20%以上。由于发展得早，该区有很多水洗站，咖啡农可自由出售果实，并无法律强制要求其樱桃果只能出售给特定处理场。谁出价高，咖啡农出售果实给他的意愿就高。想高价出售就必须提供较好的果实，也算良性竞争。处理场送拍卖局的生豆质量高，获得青睐且高价竞标的机会就多，国际买家也会持续追逐选购，处理场就有更高的本钱来收购高质量的果实，甚至提供预付现金的服务。尤其在2018年的尼耶利区，高质量的果实甚至可以获得扣除处理成本后的90%，对咖啡农来说，这是丰厚的收入。告诉我以上这段话的正是盖沙伊西农民合作社的经理彼得·卡里耶（Peter Karienye）。

盖沙伊西农民合作社成立于2000年，之前隶属铁图大合作社（Tetu CFS），目前有1542个会员。合作社恰位于肯尼亚山与阿伯德尔山脉的交界，拥有肥沃的火山红土，年降雨量约1100毫米，海拔在1650米以上，年均温度约16℃—26℃，即使正午也不至于太热。

主采收季为9月—来年1月，占年收获量的70%，次采收季为4月—7月结束，占收获量的30%。产量因年份与雨量不同而有很大的差异。彼得告诉我说，盖沙伊西有年产120吨生豆（约8个货柜）的能力，但2018年仅有60吨（4个货柜），因为只收获了42万公斤的果实（约7公斤果实可制成1公斤的精品生豆）；2017年更惨，只有4万多公斤的生豆。因此，为农民做好服务很重要，尤其是提供生产质量的咨询服务与财务的辅助。彼得的盖沙伊西处理场以提供好价钱与现金协助的举措得到了会员的高度认可。

^
浸泡槽。右边为清洗渠道。发酵后的带壳豆会在清洗渠道清洗，并按密度重重筛选，洗干净后导入右侧的槽内，以干净的河水浸置。

–
离开第一次发酵槽的清洗渠道，彼得带领我们参观并解说精制的所有过程。

v
盖沙伊西处理场的日晒棚架场。

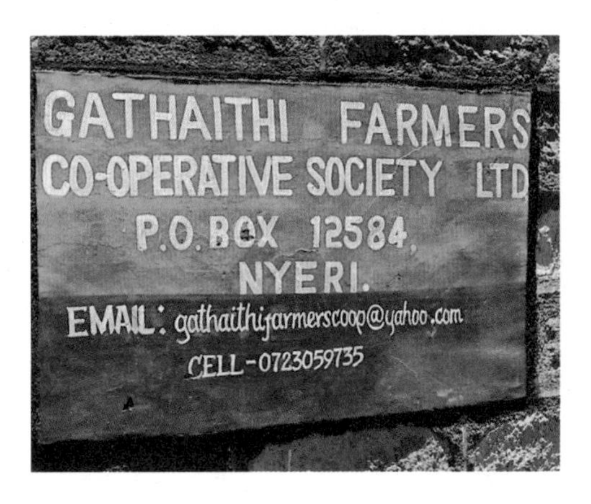

<
筛选过的高质量的成熟果实，放入咖啡樱桃接收槽内。

>
盖沙伊西处理场入口石墙上的招牌。

盖沙伊西农民合作社资料与杯测报告

国别：肯尼亚

产区：尼耶利的加奇区（Gaki）

生产单位：盖沙伊西农民合作社

品种：SL28、鲁伊鲁 11

海拔：1720 米

会员数：1542 人

杯测报告：欧舍烘焙度 M0+

杯测风味：玫瑰花、黑醋栗、覆盆子、香草、蜂蜜、巧克力

· 从咖啡精品小国到强国的咖啡复兴之路 ·

卢旺达篇

RWANDA CHAPTER

卢旺达的咖啡产业有故事、有政府魄力，

可买到中美洲波旁种已然流失的原古好味。

卢旺达在传统咖啡业界的分量不如肯尼亚、埃塞俄比亚两个大国，但日益崛起的口碑让国际精品咖啡圈关注，也引来邻国乌干达、刚果效法。而卢旺达由于战后民生凋零，迅速引入国际援助的“珍珠计划”与“卓越杯”，聚焦精品咖啡，不但成功跃上世界精品咖啡的舞台，就连传统的咖啡大国埃塞俄比亚及亚洲的印度尼西亚、印度都打算效法。

卢旺达咖啡的初步成功可归功于国际援助与总统卡加梅的强势领导，但到底卢旺达有何特别之处值得寻豆师万里迢迢前往采购？我将与各位分享卢旺达咖啡的发展历程、影响巨大的“珍珠计划”与“卓越杯”，以及最实际的咖啡情势分析与采购经验。

悲伤的历史：大屠杀换来的咖啡援助计划

卢旺达是距离中国相当遥远的东非内陆国家，1994 年的内战重挫该国经济，该国成为当时全球最贫穷亟待援助的国家之一。

非洲诸国到底有多少国际援助计划？根据世界银行资助的国际开发协会（IDA）统计，2007—2017 年，该协会在非洲执行的项目超过 1200 个。经常赞助各国农业的美国国际开发署每年在非洲也有 50 个以上的援助计划，显见国际援助在非洲实属稀松平常。

但卢旺达大笔的国际援助却是由大量生命换来，尤其内战结束后，西方国家筹集大笔资金以重建卢旺达，当年卢旺达国外援助的资金竟然占年度预算的 50% 以上，也幸而掌舵的总统保罗·卡加梅没有中饱私囊，卢旺达的咖啡才有今日的荣景。

强人领导，咖啡产业带着卢旺达翻身

保罗·卡加梅深知卢旺达的经济命脉在农业，也了解咖啡的潜力，在国际援助与总统本人的大力支持下，咖啡成为卢旺达振兴经济的重点产业。卡加梅为推广卢旺达咖啡，在2006年亲自赴美拜会知名企业好市多的执行长，成功将卢旺达咖啡推销到好市多的货架与星巴克的豆单上。他还引入了由美国提出的六年的“珍珠计划”，拍板举办“卓越杯”，还出席颁奖典礼。一国元首对于咖啡产业的投入举世罕见。

“珍珠计划”为何奏效?

由提姆·席林领导的“珍珠计划”为卢旺达的咖啡产业注入一剂强心剂。“珍珠计划”原意为“联系与促进卢旺达农业发展伙伴关系计划”（The Partnership for Enhancing Agriculture in Rwanda through Linkages,

卢旺达总统保罗·卡加梅于街道演说。

简称 PEARL ），目的是促进卢旺达农业改良、提升农民收入与实现永续发展，“珍珠计划”及随后的 SPREAD 计划都要求该收入的多数金额必须用于农业生产者。

“珍珠计划”先挑中咖啡产业的原因是该计划可以在短期内为人数众多的咖啡农创造收入，并可中长期持续发展。当时卢旺达的咖啡产业极度缺乏基础设施，长期的低质量也导致低价，要从基础建立精品咖啡体系似乎遥不可及，但“珍珠计划”做到了！

“珍珠计划”不只是农业技术的引入与改良，还有与国际接轨的大胆创意，除了教育、训练种子教官并成立推广机构，指导农民学习栽种、修枝的技术，建立水洗站的细部作业规范，还引进国际买家，建立买卖双方的紧密网络；参加全球主要咖啡展，推广卢旺达的国家品牌；紧靠卓越杯，打入全球最高端的精品咖啡市场；建立供需双方的垂直透明系统，鼓励全球买家于采收季拜访、参观等。

卢旺达建立了清晰的风土咖啡策略，可追溯到处理场日批次的产区履历。

卢旺达并非传统的咖啡生产大国，“珍珠计划”将 19 位年轻专家送到美国培训并授予学位，成为“种子教官”，回国协助培养国内的咖啡专家，从人才开始逐步发展。另一项重头戏是引入非洲首度的卓越杯，有了国际性的精品咖啡评选制度加持，卢旺达不再只有美国与英国的买家进场，北欧与亚洲买家也随之而来，成为继肯尼亚与埃塞俄比亚之后非洲第三个能以生产精品咖啡为傲的产地国。

卡加梅总统对咖啡极为重视，不但参加“珍珠计划”的启动仪式，2008年首届卓越杯颁奖典礼也亲自到场主持。我参加过30余场世界各国的卓越杯竞赛，卢旺达的安检无疑是最严格的。评审们被安全人员要求试按数码相机的快门并检视画面，确认无任何夹带武器的可能。

卢旺达成为非洲第一个卓越杯举办国

在《寻豆师：国际评审的中南美洲精品咖啡庄园报告书》中我曾详细介绍卓越杯。目前有11个咖啡生产国举办卓越杯年度咖啡大赛，使这个平台成为世界上最重要的精品咖啡豆评选机制之一。“珍珠计划”一开始就想让卢旺达成为非洲第一个卓越杯举办国。执行长席林博士在2006年与卓越咖啡联盟的创办人苏西达成共识，并于2007年试办了一场名为“金杯大赛”（Crop of Gold）的模拟赛，当作卓越杯的热身赛。其目的在于让所有工作人员，包括国际评审与后勤作业，都能按照卓越杯严谨的技术流程跑一遍，让卢旺达来年能成功举办正式竞赛。参与竞标的咖啡在成绩揭晓后由参加评比的国际评审当场以传统喊目标的方式竞标。

卓越杯规定必须公示生产者名单，让咖啡农直接认识国际评审与未来的各国买家，鼓励水洗站与咖啡农将最好的咖啡豆交付竞赛。参赛者按规则与流程必须经过五项评测与考验，最后进入优胜的批次往往不到30个。这可以让更多的优质小农参赛，也提高了各国买家了解当地优质咖啡的兴趣。

不仅如此，卓越杯主审保罗·桑格（Paul Songer）花了三年以上的时间，找出卢旺达咖啡优质批次的风味轮廓，如西部著名的基伍湖区（Lake Kivu）的样品风味，他整理出了30个以上的常见杯测描述，包括风味、触感、基础的甜度与酸度等。这些研究需要专业团队长时间的投入与分析，而这正是卓越咖啡联盟的强项。

激励咖啡农正向循环，晋升精品豆行列

2008年卓越杯竞赛结束后，我与保罗·桑格及著名咖啡大师乔治·豪威尔一同前往基伍湖区，共同杯测并深度探访该区著名的合作社与水洗站，强化卓越咖啡联盟对卢旺达咖啡的深度研究。

引入卓越杯之前，卢旺达大多数咖啡都被混合处理，无明显区分不同质量的方法，也无法具体描述优质豆的风味特色，好豆往往被埋没。引进卓越杯后，国际专家深入的记录与讨论让卢旺达咖啡的风土特色便于在国际上推广。而在卓越杯夺冠的庄园（生产者）也从此声名鹊起，冠军的精彩历程是最动人的励志故事，让以往只注重采摘果实数量的咖啡农开始在质量上下功夫，并与水洗站密切合作，拿出最佳风味的批次参选。

卓越杯是水洗站与咖啡农生产好咖啡的强大动力，对咖啡农所在区

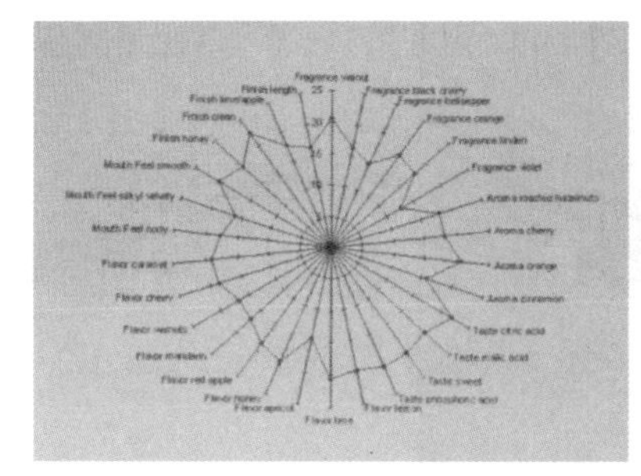

保罗·桑格提出的卢旺达咖啡风味轮廓，包括青苹果、核桃、醋栗、桑葚、樱桃、青柠、柳橙等，这些类型常出现于优质的卢旺达咖啡。

^
卢旺达政府于2008年举办首届卓越杯前，大型竞赛告示牌在首都基加利与各省区随处可见。

–
卢旺达总统保罗·卡加梅与卓越杯创办人苏西在颁奖典礼上的合影。

v
苏西颁给作者的国际评审证书。

域与附近水洗站的评价与知名度都有大幅提升效果，咖啡交易量与交易价格都能得到提升。卢旺达咖啡也借此摆脱了以往给人留下的“商业咖啡”印象，转变为“精品咖啡”。冠上卓越杯优胜名号的咖啡或处理场不仅能得到国际买家关注，只要拿得出优质的豆子，也可以可卖出好价钱，形成正向循环的交易模式。

收入提高，质量自然变好

卢旺达首届卓越杯国际评审与竞赛工作人员合影。

1930 年，比利时殖民政府开始仿效邻国布隆迪的殖民统治方式，将咖啡设定为卢旺达的强制作物，产量高又廉价的卢旺达咖啡成为比利时的海外禁脔。殖民政府刻意采取低交易价与高出口税的方式，使栽种咖啡所得甚低，也造成低质量的恶性循环，即便到20世纪末，卢旺达咖啡也仅是东非的一个商业咖啡产豆国。

卢旺达虽然国土面积小，但人口密集，咖啡种植的根基不错，大约有40万小农，平均每人栽种约170棵咖啡树，海拔高度在1200—2000米间。2000年时全国仅有两个咖啡水洗站，目前已有近300个咖啡水洗站。质量变好并非因为改种了其他品种，主要是农民愿意接受教育、改变栽种方式，而诱因很简单，就是提高收入。

以往咖啡农采果不分级，无论是鲜红成熟、微红还是过熟果实，全然不分质量差异，通通往水洗站送。2000年时每公斤咖啡果只卖20美分。而随着政府引入精品政策，水洗站在全国各地设立，农民学会了只摘采优质果实，而水洗站接收时也分级检视，质量不佳将不会被购入。这样咖啡果的卖价马上变成以往的两倍且逐年成长，到2011年，好的咖啡果实每公斤收购价高达3.5美元，价格上涨了17倍！

其实卢旺达国民并无喝咖啡的习惯，生产的咖啡几乎100%出口，年产量约18 000吨，主要生产类别有传统的半水洗咖啡与政府近年来大力支持的水洗咖啡，由下图可以看出半水洗与水洗豆的比例已由2010年的3∶1转变为2017年的1∶3。半水洗豆属于农民在家简易处理的模

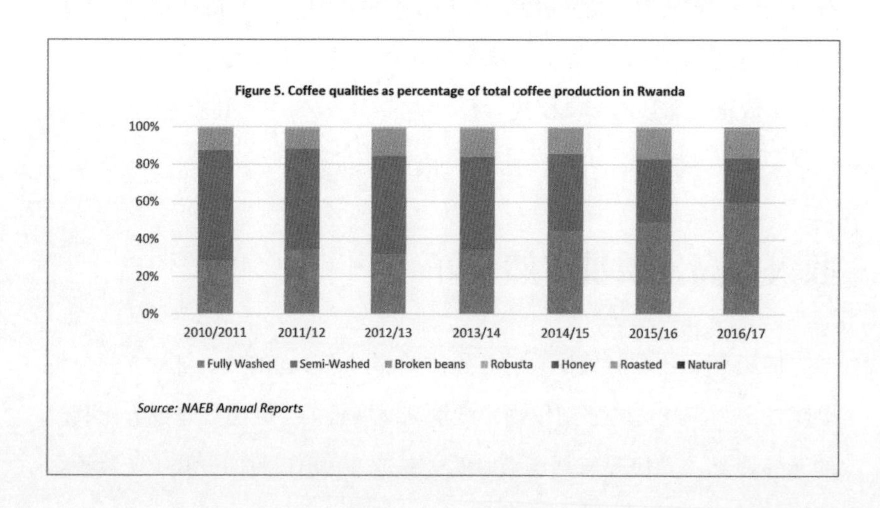

卢旺达生产咖啡的质量与不同处理法的咖啡所占总量的比例。

式，质量较低；水洗法必须送达水洗站处理，质量较优，也是公认的卢旺达精品豆的处理模式。

广设水洗站让水洗豆产量大增。卢旺达咖啡由传统的质量不一、混杂简易的半水洗式跃向质量更均一的水洗式，整体质量更稳定，且有利于推广明亮水果、迷人花香的风味。如果仅比较产量或质量两项，卢旺达在非洲诸国中不具备充分的竞争条件，其资本投入低、以小农为主，夹在埃塞俄比亚、肯尼亚中不易脱颖而出，条件甚至不如坦桑尼亚；但卢旺达的咖啡产业有故事、有政府魄力，这成了有利的本钱。卢旺达农业出口委员会（NABE）乐观评估 2018 年较高质量的水洗豆占总产量的 75%，足以证明卢旺达确实在往正面的路径前行。

有趣的是，精品咖啡买家陆续前往卢旺达寻豆，因为采购不同处理法的豆子，也提升了风味广度的可能性。大约从 2017 年开始，卢旺达已有少量日晒法与蜜处理法的豆子，只是数量相当少，官方态度仍不明确。卢旺达农业出口委员会发布的数据显示，2017 年有 130 吨的日晒批次与 50 吨的蜜处理批次生产并出口。

日晒豆方面，国际买家会与 Gatare、Nyungwe、Muhura 及 Gishyita 等四个水洗站合作，而蜜处理豆则来自 Umurage、Twongerekawa Coko 等处理场，目前尚不了解 2018—2019 年产季是否有更多水洗站使用了这两种处理法，但对国际买家来说，这是一个很好的发展趋势。

卢旺达的著名产区与品种

卢旺达的采收季一般在 3 月—8 月，由于天气条件的改变，通常 4 月才有较多的产量，但也有 7 月就结束采收的情况发生。卢旺达主要的咖啡产区有南部的 Huye、Nyamagabe，西部的基伍湖区、Nyamasheke、Karongi、Gakene、Rutsiro 都是名产区，产区间的距离不算遥远，但因

气候与海拔高度的关系，各产区的采收期还是有差异的。

咖啡农的果园通常很小，多数是自家庭园与自行采摘的家庭营运方式，而每户栽种的果树通常不超过200棵。如今水洗站遍布全国，农民会选择出价较高的水洗站或根据市场收购价来协商售价，收入增加的农民也开始投资生产器具或增购土地来增加栽种的咖啡树。

卢旺达90%以上的品种是早期引进的波旁种及波旁家族的混合品种，已然具备在地强化种（Land Race variety）的条件。在中美洲，多数波旁种饱受叶锈病与其他病害攻击，在咖啡农长年施以化学药物对抗的恶劣情况下，中美洲波旁的优势正逐渐消失，取而代之的是新栽培的混种。相比之下，卢旺达波旁种仍享有风味及壮种的优势。

卢旺达最常见的品种包括波旁-玛雅圭斯139与波旁-玛雅圭斯71（即BM139与BM71），现在仍有年代久远的老树，有些早在20世纪50年代由波多黎各传到刚果再引进卢旺达，时间已有50年之久。除了BM139与BM71，还有Pop330/21，传说由危地马拉引入，种性接近铁皮卡的摩比瑞兹种（Mibilizi）以及杰克森种（Jackson），也有少数的Catuai、Caturra140与卢旺达哈拉种（Rwanda Harrar）。

<
BM139的果实。

>
BM139的叶片呈长条卷曲状，迥异于中美洲的波旁种。

<
农户正在挑选较优质的果实，必须分别在咖啡园与水洗站做两个阶段的手工筛选。

>
果实借着水流入机器，进行去果皮与发酵及后续刷洗作业。

采收与水洗处理法

咖啡农在采收后会将未熟和过熟的果实以手工拣取、分类，或是将果实泡水以淘汰浮起的低密度果实，因此常见处理场将果实泡在水桶里，筛掉浮起的果实与杂物。分类后咖啡农将果实送到水洗站，再次以手工挑选，以应对水洗站的严格筛选。

卢旺达咖啡采摘季节气候相对凉爽，有利于控制发酵过程，果实初筛后使用传统的三盘式去皮碎浆机，多数是肯尼亚佩纳戈斯（Penagoseco pulper）这个牌子，除了果皮还可去掉约80%的果胶层。去除果皮后先将咖啡分成2—3个等级（如A、B和C），接着引入发酵槽进行长达14—16小时的发酵，但具体的发酵时间取决于各水洗站的天气与温度。

去果皮与果胶后的带壳豆放置于发酵槽，置于水下发酵，发酵完成后引入清洗渠道，并在通道中分级与清洗，通常按照带壳豆的密度将其分成两个等级（渠道清洗与分级类似肯尼亚的精制处理）。在某些情况下，会再次浸泡在水箱中的清水中12—20小时，这种慢速发酵与之后的清洗对干净度与酸质来说很重要。

∧
去果皮与果胶层的机器，去皮完成后引入发酵槽。

∨
开始去果皮与果胶层，左边为带壳豆，右边为脱落的果皮与杂物。

经过发酵清洗的带壳豆放置于棚架上日晒干燥，并进行日晒期间的筛选。过程中工人一边用手拨动豆子，同时把颜色不对、有虫害、不规则豆形的豆子淘汰。当含水量达到 12% 左右时按批次入仓，并等待运往首都的干处理场进行去壳分级。

^
有水发酵槽。

v
卢旺达的日晒棚架。

到卢旺达寻豆的两大重点

卢旺达起伏的山势与肥沃的火山土很适合栽种咖啡，尤其南部与西部生产的咖啡以明亮的风味、清晰的甜感与细致的花香著称。但不同区域的处理站与风土的差异也会产生如带核水果与香料味的区别，即使是同一地区的同一个水洗站，因为日批次不同，也可能有不同的风味调性。

我挑选卢旺达的精品区域时会优先考虑南部高海拔的小型处理场，尤其是布塔莉与西部基伍湖周边的水洗站，因开发较早，从“珍珠计划”初期到2008年的卓越杯，这两区水洗站的微批次皆大放异彩，堪称卢旺达精品豆的代表。

挑选卢旺达咖啡时有两个重点，以水洗站的优选日批次及密集筛选来进行预选，并按生产季节的特性与处理情况做最后筛选，定案后决定每个批次的数量，通常在10—50袋间（每袋60公斤）。我的卢旺达采购目标是找到明亮带甜的水果调与干净度好的批次，同一产季的批次希望可以有花香，柑橘、青柠或青苹果，以及核桃、巧克力这三大主调。

寻豆案例（1）：基伍湖区

2008年，因担任非洲首度卓越杯竞赛的国际评审，我得以深入拜访卢旺达南部与西部重要产区。前往基伍湖区沿途山景优美，基伍湖是火山湖，地形上隶属东非大裂谷，湖区的海拔约1500米。我还拜访了湖中小岛的咖啡园，绕岛走一圈约1个小时，栽种传统的BM139种，如果这也算岛屿豆的话，应该是举世罕见的高山岛屿波旁豆了。

当年的初赛检测发现各水洗站送来的样品质量都很优异。赛前的记者会上我认识了卢旺达咖啡局（OCIR）的主管亚历克斯·肯扬克立，熟稔后才知道他原在卢旺达红茶部门担任主管，擅长经营与管理，“珍珠计划”后被调派来担任咖啡部门的最高主管。他说在“珍珠计划”后基伍湖与赫赫有名的尼拉贡戈火山，它是仍在冒烟的活火山。

奇卜野高山合作社采购与杯测报告

产区标示：位于基伍湖卡尬耶侯（Kagabiro）奇卜野山区
海拔：1800 米
品种：100%BM139
采收期：2008 年 6 月
处理：水洗发酵法，采用非洲棚架自然日晒
等级：水洗 A（FW Grade A）
外观 / 缺点状：绿色，0d/350g

杯测报告：浅度烘焙（一爆中段），11 分钟出锅

干香：柑橘、香料、花、焦糖、黄金番茄、高山冷杉香气

湿香：莲花、葡萄柚、香草植物、薄荷、红色葡萄、瓜类甜、蜂蜜甜、黑莓果香、香料甜

啜吸：干净度好，有滑顺的触感，甜感佳，有野蜂蜜、焦糖、黑糖、香料甜、白色的花香、黑醋栗与蓝莓、哈密瓜甜、乌龙茶尾韵，余味有细腻的香料与杏桃甜

有越来越多的私人企业或合作社投入建立微型处理场。战后农民都很珍惜工作与收入，有采收后就能当日处理的水洗站帮助他们提高收入，农民更愿意学习修枝、护根、施肥并扩大耕种面积，这是卢旺达咖啡持续进步的关键。

亚历克斯建议我前往基伍区拜访合作社，尤其是奇卜野高山合作社（Kibuye Mountain Coop）。这是由尼可拉斯于2005年成立的水洗站，集合当地村民，把村内优质咖啡集中处理，他不但爽快地敲定杯测，从样品准备到处理完成带壳豆仓储与分级的过程，都可以看出他是个非常有心要做到精品等级的咖啡农。

寻豆案例（2）：冠军水洗站

MIG水洗站是2008年卓越杯的冠军，也是卢旺达政府于2004年创立的多产业投资集团（MIG）所成立的水洗站，果实来自知名的马拉巴区（Maraba），共300多户农民，外围海拔近2000米，日夜温差大且火山土壤肥沃，微型气候优异。

MIG水洗站成立的来年就直接跟国外买家建立了销售关系，农户们栽种的是100%的波旁种。该区以香气饱满与柑橘莓果风味闻名，采收处理前会经过咖啡农与处理场两次手工筛选，采用慢速发酵的方式并进

<
COOPAC合作社的标识。

>
COOPAC合作社位于卢旺达中西部。

马拉巴 MIG 水洗站采购与杯测报告

产区标示： Huye 省马拉巴区
海拔： 1600—2000 米
品种： 100% 波旁种（以 BM139 为主）
采收期： 2016 年 6 月
处理： 水洗发酵法，采用非洲棚架自然日晒
等级： 水洗 A（FW Grade A）
外观 / 缺点状：绿色 / 0d/350g

杯测报告：浅度烘焙（一爆中段），10 分钟出锅
干香： 樱桃、花香、蜂蜜
湿香： 花香、香料甜、蜂蜜、青苹果
啜吸： 干净度很好，明亮的花香与苹果风味，触感细腻，有着樱桃巧克力、薄荷感、细致的香草甜余味，蜂蜜与巧克力的余味持久

行密度筛选，不仅如此，在水洗站 40 个棚架进行日晒干燥时还会以人工再做筛选。把有色差、虫害、不规则形状的豆子淘汰。如此精致的处理过程在非洲罕见，也因此从 2008 年以来我们已经五度采购。

卢旺达寻豆策略

一、必须考虑出口的限制。卢旺达是一个内陆国，咖啡要出口就必须先由陆地运到 1000 多公里外的肯尼亚或坦桑尼亚装船出口，因此到卢旺达寻豆必须先确定有值得信赖的出口商、水洗站或合作社，它们通常已有良好的出口经验。

二、到口碑好且可提供优良日批次的水洗站挑豆，先于当地做初步

筛选杯测后，要再测出口前的装船前样品确认。若没到产区，仅在首都出口商处杯测也行，但记得要追溯生产源头信息。

三、境外挑豆。这是距离非洲遥远的小型烘豆商可采用的模式。或许因为后勤运输太麻烦，或买的量太少，咖啡农或处理场不愿意接待，小型烘豆商也基于成本考虑无法来产区。但采用这种方式的先决条件是必须有人负责寻豆与整合买家，其他成员在自己的家乡测豆，让大家一起决定选购批次。境外挑豆其实在欧洲已经流行多年，亚洲的日本与韩国也有类似的采购联盟，派代表前往卢旺达挑豆选豆。

四、建立长期可信任的双方关系。卢旺达咖啡的风味与性价比都值得寻豆师投入时间采购，可买到中美洲波旁种已然流失的原古好味，值得花时间与成本与此地优质的水洗站或合作社建立长期采购关系。

关于土豆瑕疵味

土豆瑕疵味（PTD）很刺鼻且很臭，就像腐败的土豆般，是一种生豆质量上的缺陷与瑕疵，主要出现在东非的坦噶尼喀湖周边的咖啡生产国，尤其是布隆迪与卢旺达，任何人都无法保证产于此区的咖啡不会有土豆瑕疵味，但通过仔细的筛选处理可降低出现的机会。

卢旺达的波旁种，部分果实已经逐渐转红。

我曾两次在卓越杯比赛前十名的总决赛中遇到土豆瑕疵味。即便原本是前十名的候选人，只因全场 8 桌 32 杯样品中有 1 杯出现了土豆瑕疵味，就被取消竞赛资格，连国际竞标都无法参加，可见土豆瑕疵味的杀伤力。

土豆瑕疵味形成的原因有很多说法，可能是该区里独一无二的复杂昆虫的侵袭造成的。加州大学昆虫学家托马斯·米勒指出，土豆瑕疵味与大湖区的一种名为 antestia 的臭虫有关，臭虫会以咖啡果实为食物，存活在废弃咖啡园或香蕉树下的覆盖物中，并在果实中留下令其产生代谢反应的细菌，对咖啡产量的破坏力高达 35% 以上。对抗方法包括用药或陷阱捕捉，并在整个生豆供应链中进行彻底的分类和分离。

土豆瑕疵味有时从生豆上就可闻到，多数是在烘焙或者研磨熟豆时可被清晰辨识，但不容易由生豆外观看出。卢旺达的咖啡农在专家带领下，以陷阱诱捕臭虫，并在水洗后更严格地筛选好豆，确实减少了土豆瑕疵味的出现。

根据卢旺达国家农业出口发展局（NAEB）的质量控管资料，以下第五点确实呼吁要控制 antestia 虫害。卢旺达政府明白这种臭虫严重危害质量，甚至让买家却步，但卢旺达咖啡产业不喜欢买家以土豆瑕疵味来讨价还价甚至当作拒绝履约的条件，探访卢旺达的寻豆者请特别注意谈及土豆瑕疵味情况时的用词。

Quality control

- This coffee is processed in a coffee washing station.
- Training of Q-graders and coffee cuppers.
- Establishment of well equipped coffee cupping laboratories all over the country.
- Provide sorting facilities to exporters to eliminate defects.
- Controlling antestia bugs.
- Using floatation methods at the coffee washing stations.
- Cupping coffee before export and provide a quality certificate .

NAEB 质量管控要点的第五点提及要控制 antestia 虫害。

奇卜野高山合作社以传统舞蹈迎宾。

· 来自非洲之心的恩戈马咖啡 ·

布隆迪篇

BURUNDI CHAPTER

布隆迪是一颗埋在土里的珍珠，

其咖啡风味的特色在于酸甜感与细致的香料变化。

布隆迪当地庆典。

布隆迪并无独特的咖啡种植背景，肥沃土壤与绝佳条件让农民由厌恶转而欢迎这种不符合他们喜好的作物。

布隆迪原名乌隆地（Urundi），位于中非内陆，小巧且拥有起伏绵延的丘陵美景，是中非与东非的十字路口，是尼罗河水系与刚果河水系的分水岭。布隆迪有着“非洲之心”的称号，首都布琼布拉位于壮阔的坦噶尼喀湖湖畔，该湖也是与邻国刚果及坦桑尼亚的自然边界。布隆迪地势高、海拔变化大，最低处有 700 多米，位于坦噶尼喀湖，海拔最高处有 2670 米，位于埃哈峰（Heha），官方语言为法语与基隆迪语。此外，盛行于肯尼亚、东非的斯瓦希里语在首都布琼布拉也可使用，1930 年由比利时殖民者引入了咖啡。布隆迪以农立国，90% 的外汇收入来自咖啡与茶。它很贫穷，国民年收入的世界排名远在 120 名外。从 1993 年起，来自世界银行与国际货币基金组织的项目才给布隆迪咖啡产业带来重大契机。但布隆迪的两大种族问题与生产者对收购者（包括水洗站）的不信任严重阻碍了咖啡质量的提升。1993 年 10 月，首位胡图人总统被暗杀，种族冲突导致 25 万人丧生。2006 年 9 月，当政的图西族与反政府武装签署停火协议，布隆迪的和平露出曙光，咖啡的发展也迈入新阶段。

布隆迪是东非共同体（EAC）与大湖地区的成员国。鼓与咖啡是布隆迪文化的重要特征。布隆迪咖啡管理局（ARFIC）特别将烘焙的咖啡命名为“恩戈马咖啡”（ngoma coffee）其中 ngoma 就是鼓的意思。布隆迪人特爱打鼓，任何庆典一定打鼓并欣赏鼓手跳舞。

国际市场印象与转型期的重大事件

布隆迪人并无饮用咖啡的习惯，咖啡乃比利时管辖时代的产物，导致国民一度排斥咖啡成为主要农作物，加上内战摧残与缺乏资金技术等因素，国际市场对布隆迪咖啡豆的印象是价格不贵、质量普通。虽然布隆迪无出口港，但与其他国境辽阔的产地国比起来旅行时间短，容易抵达咖啡水洗站是个小优势；不够透明的咖啡果实价格与缺乏栽种与处理技术，加上出口的折腾与昂贵的内陆运输成本，则是更麻烦的大缺点。世界银行与国际货币基金组织的援助项目是布隆迪咖啡朝精品迈进的重要契机。

世界银行执行的咖啡项目有两大策略：一是广设咖啡水洗站，二是全面栽种咖啡，增加咖啡树的总量。布隆迪有 60 万个家庭依赖咖啡过活，在 2007 年以前，所有的咖啡水洗站与后段干处理场都隶属官方如省政府，效率极差，生豆的质量也良莠不齐。国际市场对布隆迪咖啡的评价并没有因世界银行介入、广设水洗站而提高，当时仍称布隆迪为

< 卡扬萨区的处理场标志。

> 卡扬萨区的水洗站与棚架日晒区的鸟瞰图。

"尚可的非洲咖啡"（the OK coffee from Africa）。在2007年，政府允许私人设立咖啡水洗站与干处理场，这一年才是布隆迪咖啡的真正转折点。私人水洗站关注国际市场的意见，很快了解到唯有较高的质量才能获得较高的售价。在客户驱使下，私人水洗站愿意学习并改善作业，为买家提供更高质量的咖啡。2011年，卓越咖啡联盟在布隆迪举办首度卓越标准咖啡评比，布隆迪至此站上精品咖啡舞台。农民发现咖啡可带来现金收入并改善生活质量，纷纷接受专家与政府的指导，在世界银行的政策下，布隆迪政府在全国咖啡产区设置了175个水洗站。

水洗站之上另有管理机构，类似肯尼亚大处理场或合作社的组织，叫作索杰斯投（SOGESTAL）。水洗站做接收咖啡樱桃后的处理，处理完的后续步骤、干处理分级与销售等事项交由索杰斯投做。咖啡产业开放给民众经营后，目前有17个索杰斯投，为私有或私人企业与政府合资创立，政策上政府降低持股，政府的股份通常低于14%，而私人持有的股份会超过80%。索杰斯投是水洗站的管理与督导单位，全文是"Société de Gestiondes Stations de Lavagedu Café"，即"Company for

前往产区，一路爬升，常见当地人骑脚踏车攀附于大卡车后方。

<
作者与布隆迪国家评审。

>
作者与得奖咖啡农一同庆祝。

Managing Coffee Washing Stations”。早期的七大索杰斯投依主要产区与地理区域设立，负责水洗站的管理、精制处理、协调品管控制、后段工作与销售，分别是 Kayanza、Kirimiro、Kirundo/Muyinga、Ngozi、Mumirwa、Sonicoff 与 Coprotra。

水洗阶段完成并晒干后，带壳豆会被送到干处理场，干处理场负责进行初步分级、杯测、品管报告，以及最终的分级、装袋。在首都主要的干处理场有 SODECO、Sonocoff 与 Sivca。

2012 年布隆迪卓越杯提升该国咖啡地位

卓越杯不仅改变了得奖小农的命运，也提升了该国咖啡的地位，精品咖啡业有个共识：一个国家如举办卓越杯，该国咖啡就可列入精品豆的名单了！自 1999 年举办首度卓越杯后，这样的做法屡试不爽！例如 2007 年的哥斯达黎加、2008 年的卢旺达、2012 年的墨西哥，甚至 2017 年的秘鲁，都可看到国际寻豆者追寻着得奖庄园（或水洗站），掀起该国的精品咖啡热潮！

我也不例外，在布隆迪，寻豆依靠的就是得奖名单与处理场的质量口碑。

探访布隆迪

2012 年，我决定拜访布隆迪。我首度深入非洲产区是在 2006 年，当年布隆迪信息匮乏，并不在我的名单内。2005 年，我购入了一批果酸明亮且滋味相当好的布隆迪咖啡豆，是当年运气好还是布隆迪真的改变了？唯有深入产区才能了解真相。此外，2012 年条件更成熟了，布隆迪已经向国际市场宣告它已经跃上精品咖啡舞台，举办了卓越杯竞赛，我是首届布隆迪竞赛的评审之一，这个要务促成我前往布隆迪。

首都布琼布拉的国际机场不大，因托运的行李不见踪影，我趁机在机场浏览了一番，过午驱车前往郊区，它的优美山景不同于中美洲产区。除了卓越杯，此次行程主要目的地是卡扬萨产区，它位于北方高山区，从首都前往需三个小时，布隆迪的地貌由丘陵与大中型的山脉丘陵构成，这种地形限制了农村与小区的形态。当地农民的生活往往局限在

提雍萨茶山美景。

丘陵区块，土地的形状限制了人们的生活与工作方式。农民栽种处往往紧邻其居住处。在密度较高的区域，每平方公里内会聚居500多个家庭，非常拥挤。优点是整个国家很小，可快速移动旅行。离开首都不到一个小时我就进入山区了，往北进入山区，公路可直驱卡扬萨，但会先经过中部著名的茶产区提雍萨（Teanza）。布隆迪早在20世纪30年代即栽种茶树，农户明白高山产的茶叶质量远优于低海拔区，世界银行认为布隆迪的咖啡更有竞争力且能惠及更多的农户，布隆迪的高海拔省份遂陆续加入栽种与处理咖啡的行列。

采茶工到咖啡农

通过茶产区，到达海拔约2000米处时，空气变得更凛冽、新鲜。车出郊区，沿着公路一直升高，海拔由900米升到2500米，然后略降，抵达我们要拜访的黑陶村水洗站，海拔仍有1800米。黑陶村位于中部省份，原名是布溪凯拉村（Busekera Vallege），位于慕伦亚省。该村以肥沃、带黏质的黑土出名。在咖啡尚未普及之前，布溪凯拉村的居民以采茶或制作手工品为主要收入来源，如陶壶或木制器皿（多数为厨房用具），种植的农作物也以自用为主。布溪凯拉因肥沃的黑黏土及村民制作的陶器被昵称为黑陶村。咖啡栽种普及后，水洗站发现国际买家对黑陶村与邻近农户的咖啡赞誉有加，于是黑陶村成了该区咖啡的代表据点。黑陶村过去是茶产区的劳动力来源，如今自行栽种咖啡，可谓见证了布隆迪咖啡产业的发展。

虽然多数人认为布隆迪咖啡应该跟邻国卢旺达类似，品种也以波旁居多，近年来还引进了杰克森等品种。波旁种的香气具有明显优势，布隆迪的波旁种甜度够且酸质优雅、明亮度较柔和，这些特征国际市场还不了解，布隆迪的知名度也还不够。在布隆迪举办卓越杯之前，国际市场的评价不多，以咖啡酸质而言，卢旺达较明亮，布隆迪的特色在于

^
黑陶村，制陶的妇女。

v
黑陶村的小朋友们。

酸甜感与细致的香料变化。我曾在波士顿与乔治·豪威尔聊布隆迪，他说："我很喜欢布隆迪的风味，它细腻的变化要胜过卢旺达！"我们还聊到布隆迪日渐增多的品种状况。

布隆迪几乎全国较高的山区都生产咖啡，咖啡主要产地位于首都以北地势较高的高山区，再往北翻过边境就抵达卢旺达了。

布隆迪是颗埋在土里的珍珠，2012年，借着首届卓越杯布隆迪才在精品咖啡市场崭露出明珠该有的光芒。我有幸参与并目睹了这一重要时刻，竞赛刚结束，便迫不及待地前往卡扬萨区的班贾（Mpanga）水洗站。

班贾水洗站由尚·克莱门特经营，位于卡扬萨1750米的高海拔山区，在前一年的卓越杯热身竞赛威望杯（Prestige Cup）中，班贾名列第四！

拜访班贾有两个缘故。首先是美国友人介绍我认识了尚·克莱门特。尚在2009年与亲朋好友成立班贾水洗站，在官方水洗站的多年工作经验让他深谙挑选与处理果实的方法，政府解禁后，他看到水洗站的庞大商机，找昔日同事贷款建立班贾水洗站。卓越杯的测试竞赛后，尚邀请在美国的表妹珍妮加入事业，担任尚·克莱门特的国际出口代表。她得知我来访的消息，特别担任我与尚的翻译，让我在班贾水洗站能获得充分的信息、与尚交流更顺畅。通过珍妮的介绍、尚的详细说明与之前连续两年的质量鉴定，我们在布隆迪建立了第一个直接购买的渠道。后续经验发现，采购布隆迪咖啡的后勤联系与沟通非常复杂，远不同于在美洲的寻豆经验。

布隆迪处理法与咖啡水洗站背景分析

处理法

布隆迪的咖啡虽属水洗式，却有两种做法，分别是手洗（washed）

与咖啡水洗站水洗（fully washed）。标示“washed”的手洗是指完全用人工去掉果皮与果胶的黏质层，质量相当不一致，原因是布隆迪的咖啡农不是将果实与手工去掉黏质层的带壳豆出售给水洗站，就是卖给收购果实的盘商。农民普遍觉得水洗站的收购价不实在，有被欺骗的可能，必须让采下来的果实能有较多的时间与较好的议价空间，这让部分咖啡农倾向于自己动手做去皮去果胶的人工水洗。此种处理颇粗糙且质量不均，咖啡农往往仅用手且无任何工具，在路旁就处理起来了。政府对此当然不鼓励，加上开放水洗站民营化，鼓励专业专营采收后的处理，水洗站的水洗就称作“fully washed”（麻袋上会标示 FW）。虽说水洗站多数生产商业豆，布隆迪刚崛起的精品也仅能在散布各地的用心的水洗站里找到，标示“washed”的手工水洗生豆还是少碰为妙。

咖啡水洗站与实际流程说明

布隆迪的咖啡农仅以土地栽种的农作物维生，咖啡树通常是仅有的现金收入来源。他们出售咖啡樱桃获得现金，用来支付小孩上学与其他的开销。农民无法自己处理采收后的咖啡樱桃，只能卖给咖啡水洗站，水洗站的设置来自现实需求。非洲仅有极少数的中美洲式咖啡庄园，咖啡农仅有少量咖啡树，从几十棵到两百多棵，无多余财力购买小型去皮去果胶机，也无力设置小型水洗发酵槽，这却是中美洲或哥伦比亚小庄园的必要设备。布隆迪咖啡农仅能在咖啡樱桃成熟期间采收并送到水洗站处理或直接卖掉。讨论布隆迪的咖啡质量就必须检视水洗站模式，水洗站通常以每日收到的所有咖啡果为登记的批次（可称为每日批次，day lot）。检视现场，每日批次混着当日所有咖啡农的果实，无法清楚辨识到底这个批次来自哪位咖啡农，仅能由名单上的咖啡农名字来追踪可能生产出优质咖啡的源头，如果仅看水洗站的名称采购，会失真，甚至大失所望。水洗站会将果实加工为带壳豆。农民可选择自行加入生产合作社或决定销售给最靠近居住处的任何一个水洗站。采收季的咖啡樱桃每天会送到水洗站加工，他们会步行或骑脚踏车送去。通常水洗站收到的果实是几百个农民当日采摘的咖啡果，在当天下午进行混合处理。之后开始一系列的去果皮果胶与发酵、水洗的连续作业，这就是水洗站全天的生产过程。

布隆迪精品批次的精制处理过程——以班贾与卡扬萨区处理场流程为例

在一个采收季内，每户家庭约送来500公斤果实，每户的生豆年产量才不到100公斤。班贾的咖啡樱桃都是当日处理，部分处理场会设置挑选区，让咖啡农自行筛选未熟或过熟果。

首先将合格的果实放入大水槽，以浮力筛选的方式留下密度好的，未熟或过轻的就捞掉，接着进入机器去掉果皮与果胶层，之后果实进入发酵槽发酵18小时。第二天，将前一天的果实再导入干净的水中持续发酵18小时，合计36小时。然后，将果实导入清洗渠道以干净的清水

咖啡农自行筛选未熟或过熟果。

刷洗干净，最后看需要进行浸泡或进入干燥程序，这其实就是肯尼亚的双重发酵法。

接着进行干燥作业，第一阶段遮阴风干，避免炽热阳光直晒，含水率由刚离开发酵槽的高湿度降至40%以下，然后移到棚架自然日晒，让含水率晒至18%再缓慢降到11%；下图左上方是日晒法，将通过筛选的

^
2014年冠军水洗站的水洗作业流程。

v
棚架日晒区。

咖啡果实铺在棚架上日晒，这在当地仍属于较少见的处理法。

离开发酵槽的第一阶段，果实会堆积得较高，随着含水率逐渐降低，翻动次数会增加；而精制的批次，其高度甚至低于2厘米。

^
铺在棚架上日晒的咖啡。

v
带壳咖啡豆仅有薄薄的一层。

布隆迪的主要产区

布隆迪主要的咖啡产区有五个，分别是布雍吉（Buyenzi）、奇里密罗（Kirimiro）、慕密瓦（Mumirwa）、布耶鲁（Bweru）和布给希拉（Bugesera），尤以布雍吉产区内的卡扬萨与恩戈吉两区最出名，囊括了自 2012 年卓越杯举办以来多数的冠军与极佳优胜批次！

各产区的基本信息如下：

布雍吉

该区位于北方接近卢旺达的边境高山区，是布隆迪咖啡的精华产区。该区内最著名的产区有卡扬萨与恩戈吉，两地的海拔都在 1700 米到 2000 米间，3 月、4 月开始进入主要的雨季，采收后的 7 月进入旱季，年均温度在 18℃—19℃，夜晚的低温延续到清晨，是该区上扬香气与紧实豆体密度的主要原因。

奇闰度（Kirundo）与布给希拉

奇闰度相当靠近卢旺达边境，这两区的咖啡产量较低，海拔在 1400—1700 米间。该区咖啡农受卡扬萨区影响已逐渐往生产精品批次的产区靠拢，且已有水洗站在卓越杯竞赛拿下决赛的佳绩。

慕印尬（Muyinga）与布耶鲁

这两区在东方与东北方，海拔约 1800 米，慕印尬离坦桑尼亚的国境较近，但风味已略异于卡扬萨，因气候较温和且卡扬萨的酸较明亮而富于变化。

吉帖尬（Gitega）与奇里密罗

位于国土中部高海拔山区，年均温度较低，在 12℃—18℃。这两区年降雨量较低，仅在 1100 毫米左右，是造成咖啡产量较低的原因之一。

布帮萨（Bubanza）与慕密瓦

这两区位于卢旺达与刚果民主共和国边境，海拔由较低的 1100 米到较高的 2000 米不等，年降雨量仅 1100 毫米。低海拔处年均温度约在 20℃，影响了咖啡的质量，高海拔处有机会产出精品咖啡，但降雨量的分布与不足影响到该区的产量。

班贾水洗站的寻豆案例

2011 年，班贾获得了卓越杯声望杯殿军。在 2012 年举办的布隆迪卓越杯竞赛中，全国总计 300 份样品，150 份通过国家评审测试晋级到国际评审阶段，最后有 60 款通过了我们的第一阶段杯测，班贾与邻近几个处理场都得以入选。卓越杯的国际评审周合计五天，分三个阶段杯测作品。决赛分数标准是 85 分，由最初的 300 个剩下 17 个，竞争相当剧烈，甚至冠亚军都超过 90 分。班贾处理场持续参赛，再接再厉，2014 年连夺冠军与季军！我在布隆迪的寻豆策略是不仅购买直接批次，也组成竞标团队，成功标下 2014 年的冠军班贾与 2015 年的亚军批次。

珍妮长年住在美国，定期回到布隆迪协助表哥接待国外买家。珍妮表示，班贾有 3000 位咖啡农固定提供咖啡果实，他们都知道尚是个严格的咖啡专家。尚经常提醒咖啡农，我们拥有很好的气候与肥沃土壤，如果你的果实无法通过筛选，那表示你得加把劲儿，采摘够熟的咖啡樱

桃才会合格。咖啡农交付给班贾的咖啡樱桃是家庭的主要现金收入来源。我记得2012年最低收购价为每公斤咖啡樱桃0.45美元。以每户每年产约500公斤樱桃来说，年收入其实才250美元左右，也就是1公斤生豆约2.5美元。班贾的价格还算合理，我听到太多农民与水洗站因为收购价格不合理而发生冲突。世界银行每年都会针对咖啡果实收购价的问题召开生产者与水洗站的对话会议，但双方的共识太低，农民对水洗站的不满情绪影响到咖啡果实的质量。卓越杯要求公布得奖批次的咖啡农名单，目的是透明化与鼓励咖啡农，即使他在得奖批次中贡献不到100公斤的果实，还是可以感受到得奖的喜悦与随之而来的提高果实收购价的实质帮助！

^
前往卡扬萨的沿途景致。

v
抵达卡扬萨。

班贾水洗站于2014年卓越杯荣获冠军，左边持方框奖状的即为场主尚·克莱门特。

班贾水洗站资料与杯测报告

简介： 位于卡扬萨的卡布义区（Kabuye），离卡扬萨镇约6公里的行程，由尚·克莱门特在2009年集资建立

公司名称： MATRACO

国别： 布隆迪

产区： 卡扬萨

处理场： 卡扬萨私人水洗站

品种： 波旁，少量杰克森与米比利兹（Mibirizi）

等级： 水洗A1（CFWA1）

采收期： 5月—6月

杯测报告

风味： 很干净，有菠萝、高级红茶、柳橙、花香、葡萄、蜂蜜、带甜的柑橘、杏桃、无花果、苹果等复杂多样的风味，触感滑顺，余味很持久

处理法与精制细节

班贾水洗站采双重发酵法，后段棚架自然日晒。以下说明采摘与后续处理的主要阶段。

处理前将果实或第一阶段的果实浸渍筛选，将密度较轻的果实与杂质皆淘汰，下图为场主尚为我们示范如何操作浸渍槽。

^
接收咖啡果实并称重。

v
浸泡设施。

接着进入去皮去果肉机。

^
去皮去果肉机的入口。

v
去皮去果肉机下方的出口。

第一阶段发酵。18—24 小时，确认果胶质脱落。

第二阶段浸渍。先用水洗净，进行第二阶段的 18—24 小时浸渍。此阶段为双重发酵法的第二次入槽，以干净水浸泡，之后即可送到日晒棚架区干燥。

^
浸渍槽。

v
浸渍槽旁是日晒棚架区。

完成发酵与清洗作业后的第一阶段阴干。洗净后，采用遮阴干燥的方式，在第一天不直接日晒，让含水率缓慢下降。

之后，进行 7—14 天的棚架日晒干燥作业，一直到含水率降至 11%。下图为班贾的日晒区，全部为木制架高的棚架，棚架铺以铁丝网，利于通风。

带壳豆储放仓。将含水率降至 11% 的带壳豆放入麻袋中，置于高海拔的干仓储至少一个月。下图最前方建筑物为干仓，就设于水洗站附近，方便运送完成日晒作业的带壳豆。

^
班贾的日晒区。

v
最前方的建筑物为干仓。

作者与班贾场主尚·克
莱门特及水洗站经理在
干仓内。

布隆迪的挑战

一、咖啡果实收购价不透明

除了果实收购价偏低外，咖啡生产者缺乏合理的果实收购价信息。同属东非的肯尼亚与埃塞俄比亚有透明的拍卖制度与公众交易站，甚至通过广播来播报收获期的果实当日收购价，布隆迪缺乏这一机制。日批次与生产者的直接连接度太低，导致咖啡农与买家无直接的情感联结。如果直接采购，仅能购买到特定的日批次，尤其在东非，充其量你仅能说采购的特定批次，很难直接到庄园采购。

二、与卢旺达的风味形象重叠

卢旺达有话题性，有倾国之力支持的咖啡政策，布隆迪与卢旺达皆以波旁种为主，对多数消费者来说，卢旺达比布隆迪好记且选购的诱因更高。布隆迪必须让自己的风味特征更清楚，也需要找出市场易懂且愿意接受的市场定位。

三、土豆瑕疵味的困扰

土豆瑕疵味是东非生豆生产国中一种常见的缺陷风味，尤以卢旺达与布隆迪最容易出现。虽然多数专家认为是当地的病虫害所致，也有一派认为是不当处理法引起的病菌侵袭。虽然有包括星巴克赞助的研发机构、卓越咖啡联盟的田野调查，以及东非各国咖啡机构的实验与研究等，但始终缺乏能整合各机构的共享平台来有效对付土豆瑕疵味的问题。实际情况是，可能仅有一小批生豆感染了土豆瑕疵味，却造成整批样品杯测质量下滑，导致顾客严重抱怨甚至拒购的情况。

四、后勤运输的成本

下图为欧舍竞标的冠军豆的木质全封口包装。布隆迪并无出口港，生豆出口必须经过邻国的陆地海关，陆地段运输成本并不便宜，且货品会发生遗漏甚至短缺的情况。下图的卓越杯优胜批次的包装是当地协助出口的厂商的建议，他们认为这么贵的比赛豆可能会被抽验甚至发生更糟糕的情况；以木箱全封装上封条可避免这一问题，但其实会增加很多成本。

^
布隆迪没有出口港，因此高价的竞赛优胜豆最好以木箱密封好，防止与次级品混淆，或是被扣留在海关。

v
陆地段运输成本不便宜。

35.7

第二部分

国际评审的选豆心法

Part

Ⅱ

冠军豆与当红传奇品牌

寻豆师的寻豆准则

老兵与新种

精品咖啡农的看家本领

冠军豆与当红传奇品牌

目前市场上生豆的供应不仅丰富且来源繁多，维持生豆质量稳定并与来源建立长期战略伙伴关系是买豆者的一大责任。有三个问题寻豆师要时时自问并用来当作检视工具，借以决定挑豆：

1. 高价豆 = 好豆子 = 超高质量？

2. 源头供应者如何决定给的批次？质量一致性高还是低？质量出状况的原因是什么？

3. 生豆信息是否完全揭露？可否连接到源头？

直接寻豆与豆单采购

寻豆与挑豆有两种主要模式：直接寻豆与豆单采购。前者正是寻豆师的任务，在产区杯测并初步找出想要的批次后，接着按流程处理后续出口等后勤作业，大企业可能独立采购，中小型企业多采用团队共同采购的模式。无法亲赴产区第一手挑豆者依赖生豆供货商，并从提供的品项中挑选，这称为豆单采购（offering list）。

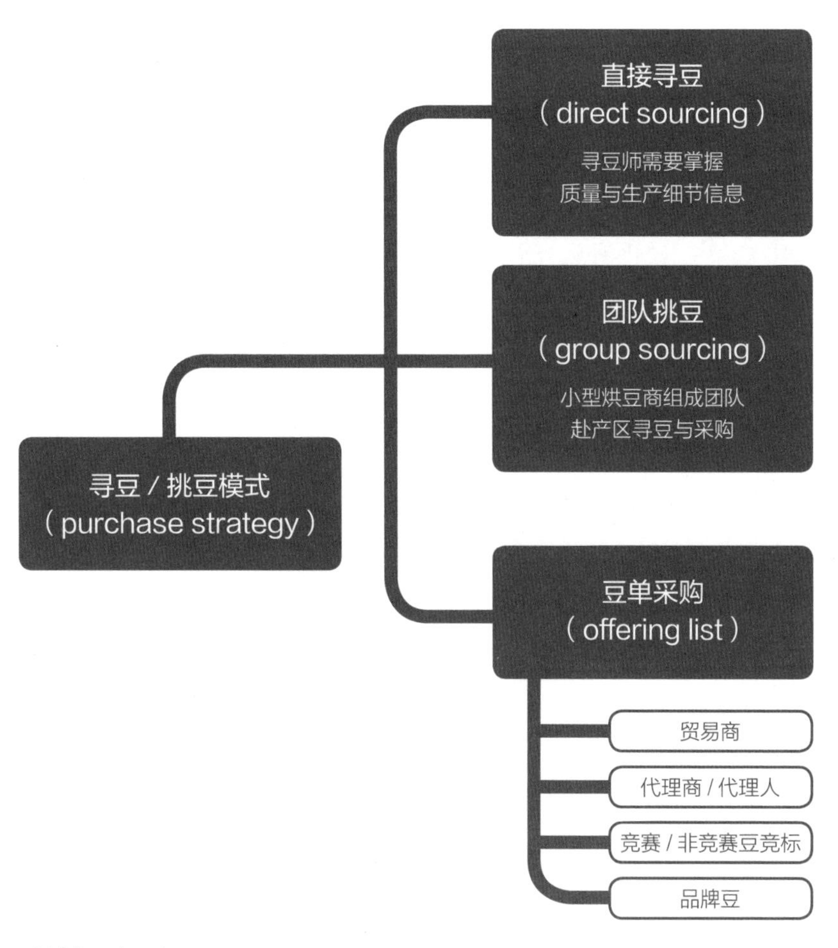

直接寻豆

能做第一手现场观察，回头向烘豆师、咖啡师乃至消费者分享经验细节，这份成就感绝对是寻豆师千里迢迢远赴产区的一大诱因。事实上，从寻豆到采购定案的过程冗长繁复，并不浪漫，必须年复一年坚持前往各产区进行采收处理的观察、杯测筛选。要到批次定案通常非一次拜访就可决定，每个产区至少需要两到三趟的杯测与生豆检视，才能有比较明确的结果。一旦寻到合心意的豆子，除了决定采购量，还得和咖啡农保持联系，以便下一个产季接洽、维持长久关系——而这个过程还仅仅是生豆采购的阶段而已。

好豆子漂洋过海运回国内，烘焙与冲煮出杯的质量才是末端消费者最在意的，消费者付钱买咖啡，入口的质量令他们愉快、满意，直接寻豆才算告一个段落。由寻豆到端上桌的那杯咖啡，一连串的细节很繁复，也因生豆不是末端商品，仍须加工才能成为咖啡，就算知名的杯测寻豆师已经鉴定好质量，也不易高呼众人买单！红酒界的天王品酒师罗伯特·帕克（Robert Parker）一人的评鉴分数就足以影响到酒庄的收益，天王决定市场走向的情况不易在咖啡圈出现。不管鉴定的是生豆、熟豆还是出杯的咖啡，有太多环节必须讨论。生豆质量与等级、烘焙能力与熟豆质量、吧台技术熟娴与出杯咖啡质量成为行业判断与讨论咖啡质量的三个重点，单独一项确实无法涵盖全面。其实这代表咖啡产业由种子到手上那杯咖啡的各个环节都必须分工且专注，通盘掌握才能宣称质量好，即使在同一家公司，寻豆、烘豆、吧台手、客服等四个领域的人员若彼此不合作或业务配合度低，也很难稳定供应好咖啡。咖啡农、烘豆者、冲煮者是由生豆到一杯好咖啡的最短距离，小型烘豆者无力长期做直接寻豆，但小型规模的烘豆商是整个亚洲区的趋势与现状——无论中国、韩国、日本，还是马来西亚、泰国、越南甚至印度，小型自烘店的风潮活泼了各地的咖啡文化，能找到好豆源，自烘店家才算向好风味踏出了第一步，团队挑豆与豆单采购遂成为小型自烘店家重要的参考与主要生豆来源。

团队挑豆与豆单采购的比较

小型烘豆商可组成团队赴产区寻豆与采购，直接寻豆的难度与成本最高，而团体合作仍有可行方案。我曾观察十年来亚洲的三个团队，发现团队挑豆可行。团队采购是指由代表赴产区，其他成员在其店内亦可杯测选豆，此种烘豆商团队直接寻豆与向贸易商采购不同，仍属于直接在产

地做第一手挑豆的范畴。这三个团队中，第一个是日本丸山咖啡组成的日本烘豆师联盟（JRN），由丸山健太郎协助挑豆已超过十年；第二个团队是中国台湾烘豆师联盟（TRN），由欧舍咖啡协助寻豆，已进入第六年；第三个是韩国釜山买豆团，由 Momos 咖啡协助。案例中的团队，借着提升团体成员的技术能力（包括杯测选豆、杯测鉴识力与烘焙技术、冲煮出杯技术），其运作范围已进入全品质的交流与分享，颇值得小型烘豆商学习与参考。团队挑豆的方式也掀起了一股小型烘豆商与产地源头直接建立供需关系的潮流。团队挑豆的好处是可以凭第一手情报来挑选批次，不同于直接向贸易商购买现有批次，团队挑豆模式特别适合小型的烘豆商联盟。团队的成立必须有愿景、能力、团队向心力及长期可行的运作系统。而对于习惯单打独斗或是语言不通、有进出口门槛的小型店家，最简单且容易上手的方式还是从生豆供货商的豆单中挑豆。

<
新产季到来，寻豆者常于肯尼亚内罗毕进行密集的杯测挑豆，一个回合的样品常超过 30 款。

>
2018 年新产季，于埃塞俄比亚首都亚的斯亚贝巴杯测耶加雪菲区样品。通常于杯测结束开始讨论时才会公开信息、讨论水洗站与处理细节，过程中都采用盲测的方式。

生豆供应单包括库存现货或即将到货的日期，这种选豆称为豆单采购。从供应单中选豆通常仅杯测一次就要做决定，甚至无法杯测即须下单，主要原因是商品具备高知名度、供应量短缺或代理商无法提供充分的样品。采购者光凭生豆清单、无基本杯测就下手的情况时有所闻。豆单采购的优点是渠道多元且豆款众多，任君挑选，省去直接交易的后续报关运输等复杂手续，有效缩短了采购期。但自然没有第一手信息，且多数供货商不提供到货前样品，信息极度不对称，只能多方打听市场的风评或从信任的供货商处采购。

传统看列表买生豆的模式不在这边赘述。进入 2019 年，贸易商、代理商或代理人、品牌豆、竞赛豆与竞标豆四种间接采购来源的角色也产生了变化。卖生豆也提供技术信息，并以自有品牌深耕生豆客户群。

这四种供应情况的变化与反思如下。

提供更多产区信息的精品贸易商

跨国性大贸易商提供的生豆量很庞大，过往以服务商业豆客户为主，随着精品咖啡的需求日盛，他们纷纷增加实用且固定更新的服务内容，如生产预测、产区现状、基本风味描述、产区信息等，此类国际型大贸易商包括 Ecom、Olam、Sustainable Harvest 等。

中型贸易商的经营范围主要涵盖美洲、非洲、亚洲，如美国的咖啡进口商 Cafe Imports、皇家，英国的 Mercanta。近年来专门深耕某些产区的贸易商也颇为活跃，像是专攻美洲与非洲的美国贸易商咖啡丛（Coffee Shrub）、挪威的北欧进击（Nordic Approach）、专攻埃塞俄比亚的荷兰贸易商特拉博卡（Trabocca）等。上述贸易商不仅提供生豆菜单，也提供技术信息，包含烘焙曲线、在线技术交流、推荐特定用豆，例如单一产区浓缩咖啡（single origin espresso，简称 SOE），甚至提供浓缩咖啡的冲煮参数等信息。

驻点分公司或代表，如英国的 Mercanta 位于新加坡的亚洲业务部、Olam 中国分公司、美国皇家的上海部门等。

代理商或代理人，针对新兴市场，出口商、贸易商、品牌豆等纷纷在亚洲区设代理人或代理商，这成为多数烘豆商采购的知名豆的来源，贸易商总部大部分都不在亚洲，多以代理商、经销商或代言人的身份为其打理生豆推广业务。代理商多与知名贸易商、庄园或品牌配合，在该地理区销售，也像经销制。

花大钱标竞赛豆是否值得？

一般来说，有公开评比区分名次的称竞赛豆，从销售模式来看，分为现场喊标和网络平台全球竞标的为竞标豆。竞赛豆与竞标豆不一定相同，竞赛豆的规则与过程都会事先公布并由评审评比，虽说游戏规则大同小异，但竞赛水平与后勤的严谨度差异甚大！卓越杯与最佳巴拿马两项比赛同属第三方非营利单位举办，公信力与权威性最佳，但细究评审的多样性与严谨度，卓越杯仍较为严格，主审必须经过多年的专业培养并至少经过两年以上的培训，评审每年都要集训。最佳巴拿马的主审属邀请制而非专业培养制，参加评比的国际评审多少掺杂了主办方邀请的买家，评审事先培训的强度与严谨性仍不如卓越杯。至于各国或地区政府、私人公司举办的咖啡竞赛，近年来已数不胜数。

除了公开竞赛，也有庄园自己挑出批次供买家标购，有些庄园多年来已形成严格的审核挑选机制，例如危地马拉的圣费莉萨（Santa Felisa）与茵赫特（El Injerto），皆委托安娜咖啡协会挑选批次，形成杯

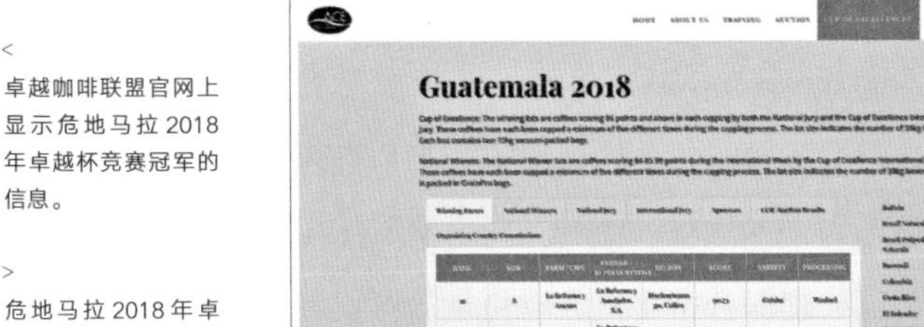

<

卓越咖啡联盟官网上显示危地马拉 2018 年卓越杯竞赛冠军的信息。

>

危地马拉 2018 年卓越杯竞赛冠军批次实际到货的外箱。

测风味谱的批注说明，多年来在买家中口碑甚优；翡翠庄园主两姐弟本身就是杯测高手，也得到国际买家的一致信任。2018 年至少多了三家庄园竞标项目，且各地评比采用传统现场喊标方式的竞标豆也越来越多。

自有生豆品牌策略的崛起

老中青生豆商纷纷抢进高端精品市场，祭出自有品牌策略。面对这一情况，烘豆商该如何选豆？烘豆商会沦为品牌的抬轿者而失去自有的风格吗？

品牌生豆是近年来高端价格竞争最激烈的一块，其中又以“90+”起步最早，创业至今已超过十年，拥有强大的知名度。由世界咖啡师大赛冠军沙夏·赛斯提创建的原产地计划这两年快速崛起，相较于“90+”，其供应豆源更广、信息公布更清晰，且有两位世界咖啡师大赛冠军用豆的加持，影响力大增。而“瑰夏村”（Gesha Vellige）虽是2015 年才开始进入市场，但以瑰夏原乡为号召的品牌战术辅以竞标活动拉抬声势，近年于亚洲走红，俨然新版“90+”。2019 年，市场传言“90+”已暂将埃塞俄比亚逐出其供应菜单，这无疑是瑰夏村的一大优势。

看到品牌生豆势力如火燎原，老牌的咖啡贸易商也开始重视这块市场，像是美国的生豆贸易商 Cafe Imports 的“王牌”（ACES）系列，杯测分数宣称皆在 90 分以上，网站上公布有清晰的信息，包括生产者、微型产地、处理法、杯测风味，价格也具竞争力。另一家美国老牌贸易商皇家咖啡也推出“皇冠之宝”（Crown Jewels）品牌。皇家咖啡在美国烘焙界几乎无人不知，早年便以寻豆师深入产区、提供清晰信息闻名，这几年更强化为客户提供专业知识，如烘焙、吧台冲煮、萃取技术等，并与专业学术机构合作研究生豆处理保存中水活性对质量的影响等议题，颇受好评。

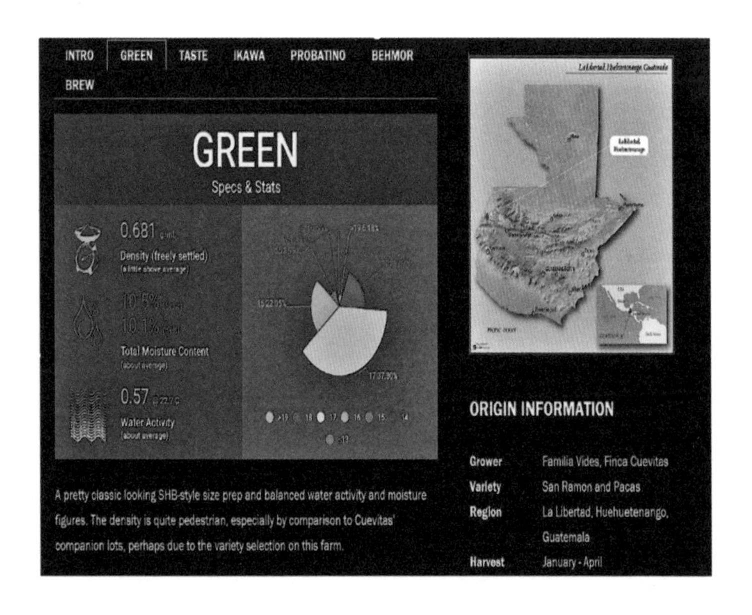

“创办人＋品牌”的“90+”传奇

行文至此，不得不聊聊最早推出品牌生豆且至今仍具备市场影响力的“90+”。

在埃塞俄比亚篇我曾写到，在2006年到瑰夏山寻根之旅就曾与“90+”的创办人乔瑟夫同行。其实乔瑟夫在“90+”之前已经创办过一家公司，是故在旅程中我曾问他，如果你有机会再开一家精品豆公司，会取什么名字？当时他毫不犹豫地说：“Ninety Plus！”两年后我们又在巴拿马碰面，我又问他：“有位朋友正在思考咖啡专卖店的店名，你觉得哪一个好？”他听我说完几个备选名称后说：“还是Ninety Plus好！”好吧，这个名字的确是乔瑟夫的真爱！

每一款“皇冠之宝”都会附上详细的处理法、杯测报告、生豆烘焙曲线、生豆含水率、水活性等数据，投入的人力与资源相当惊人，价格亦有竞争力。

细心的读者会发现，在我们那趟瑰夏寻根之旅中，乔瑟夫带着一位专业摄影师同行并全程记录。这在寻豆圈是相当罕见的，毕竟赴产地寻豆的成本不低，但由此也可看出乔瑟夫不同于一般寻豆师，他非常擅长将创办人与品牌形象结合起来，日后“90+”在营销方面的操作也大致如此。

乔瑟夫在产区看到一成不变的精制处理流程，觉得美好的果实其实可以处理出更顶尖的风味，不禁自问：为何大家只是墨守成规？于是他打破既定规则，“90+”创业初期的产品来自埃塞俄比亚出口商“阿布都拉·巴葛西”（Abdullah Bagersh）的水洗站，挑选质量好的果实，按乔瑟夫的想法进行精制处理，推出的精制处理批次一炮而红，代表作便是阿瑞恰（Aricha）与比洛雅（Beloya）。

风味创新者颠覆传统处理法

乔瑟夫成名后勤快走访各地，在策略上他让优秀选手或冠军担任代理或代言人，自创处理法名称，打破传统经销方式，采用直售方式，种种做法在市场取得很好的反响。这种“创办人 + 品牌”的方式，改变了当时精品咖啡界的“生产者 + 庄园”模式，取法自红酒界与流行品牌的做法确实奏效！打开市场后，他进一步回到源头固桩，并在巴拿马购买自己的庄园，垂直整合其品牌生豆。

乔瑟夫一开始就以风味创新者自居，因此他不用传统的处理法来定义自己，陆续向市场推出 SK 特殊处理法[1]（SolkilnTM）、红处理、宝石处理、制造者系列[2]，在风味描述上有独创的名词[3]；他制定了“风味曲

---

1 SK 特殊处理法是 2013 年乔瑟夫独创的处理法，构架柴火干燥室来进行精制处理中干燥的步骤。砍伐后的原木会放在干燥室，并以加热的方式让原木逐渐干燥，通过温度、湿度调节与空气对流，让咖啡的含水率降低至 10%—12%。

2 制造者系列是 2014 年推出的，是邀请国际知名吧台手（通常是世界比赛的决赛选手或冠军）、烘焙师共赴产区，量身打造由他们决定处理法的专属生豆批次。

3 “90+”自创的风味类别为 N2、H2、W2，有别于传统的水洗、日晒、蜜处理；以果香等强烈度分类。W2 类似水洗，H2 类似蜜处理，N2 类似日晒处理，官方的说明则不采用传统的水洗、蜜处理、日晒的方式来解释。W2：较柔和的水果调，明亮酸与花香。H2：中等水果调，明显的甜感、水果味与茶感。N2：较强烈的水果调，饱满奔放的果味、明显的热带水果与类似蜜饯的风味。

线制度”（Profile Processing），打造每款豆的风味特色，辅以种植、采收、处理等特殊程序，通过杯测来校正，企图让每款豆发挥独特的水果风味。

乔瑟夫也确实打下了一片江山，在他创业的前五年（2007—2012年），市场氛围仍强调单一庄园精品与三大处理法，例如近年热门的巴拿马各庄园的日晒瑰夏种，当时才处于起步阶段，也少有人提出用实验室手法制作出更浓郁水果调性的要求，乔瑟夫抢占了商业先机。

十多年来，“90+”在高端品牌的形象上打下坚实的基础，但市场的多变与竞争对手的追逐，让所有品牌从业者随时都面临存亡的关键问题：高端精品的市场真的有这么大吗？

2016年，“90+”创立十周年时，官方对外宣称将双管齐下提高营收，以打品牌来增加销售量，并提高埃塞俄比亚配合供货商的出货量来加大产量，拉高营收，在品牌已在全球攻城略地的同时，势必得回到专注公司的成长性上。不过与此同时，现在“90+”更要面对加入战局的实力雄厚的生豆贸易商们，这些生豆老将也开始玩起品牌策略，而且贸易商还提供了更多产地的选择。

后起之秀：世界冠军的原产地计划

近几年乔瑟夫也碰上了另一位强劲的竞争对手——世界咖啡师大赛冠军沙夏·赛斯提。2015年，我在西雅图举办的世界咖啡师大赛决赛中，首次在竞赛场上喝到沙夏以二氧化碳浸渍处理的作品“苏丹卢美”，根据沙夏的解说与咖啡自身展现的风味，我不仅融入了比赛节奏，还体验了独特处理法结合高质量的控管所呈现的风土特性，当下非常享受，世界冠军的厌氧处理法果真实至名归。

沙夏夺冠后表示，他不但是咖啡师，也是寻豆师与生豆采购者，长期以来一直想把各产豆国的优秀咖啡农借由紧密的关系网络连接到喜爱高质量咖啡的消费国。其后他与十个咖啡产国合作推出原产地计划，有世界冠军的知名度加持，加上二氧化碳浸渍的厌氧处理法引起了诸多讨论，原产地计划一下子就在咖啡圈红火起来。

沙夏在澳大利亚经营的ONA咖啡馆已具规模。拿到冠军之前他去产区寻豆多为自用，拿下冠军后，他借自己的经验创造了一条供应链，建构原产地计划的蓝图。其世界冠军的头衔让他成为最有资格的品牌代言人，"创办人+品牌"的营销手法与乔瑟夫的"90+"有异曲同工之妙。

师法红酒的厌氧处理法

二氧化碳浸渍处理法源自红酒界，原理是使用整串带皮葡萄层叠放入发酵槽中，利用重量让底层的葡萄汁液渗出产生发酵，诱发上层果皮完整包覆的葡萄也进入发酵阶段，同时借由过程中产生（或由外力打入）的二氧化碳加速发酵。好处是外皮不破、单宁减少，果香、果酸风味强烈，因此常被用在如薄若莱新酒中。沙夏把这一套原理用在咖啡的精制处理上，补足并创造出更惊人的香气与风味，自然，原产地计划也以此处理法作为主打，简称CM系列[1]。

---

1 CM（carbonic maceration）系列的芳香强度和酸质异于常见的咖啡，比较难用一般评分标准来判断，因此原产地计划决定用风味特征进行分类，有四个不同的名称来区别其风味特征：

靛青（indigo）：浓郁的味道，强烈的水果质感和独特元素。这种咖啡经过大量实验发酵，创造出了大胆而强烈的风味。

碧玉（jasper）：风味配置让人想起红色、橙色和黄色水果。这些咖啡经过一系列碳酸浸渍工艺处理，具有中等强度的最大风味和透明度。

琥珀（amber）：细腻的风味和甜味，带有橙色和黄色水果的风味。寻求最大限度地提高味道的美味和透明度，而不是强度。

钻石（diamond）：钻石是四类中最优雅、精致的。以花香和干净且精致、温和的风味为主。

沙夏在原产地计划的实践上也使用了许多类似“90+”的手法，例如主打高端处理法的精选豆，让参赛选手作为品牌代言人等，但也有不同之处，原产地计划包括十个产豆国，为手上只有巴拿马与埃塞俄比亚的“90+”所不及。此外，沙夏还加入仿效卓越杯的生豆竞赛、咖啡农的小区回馈计划，并采用代理商与直营的双轨销售制，在经营策略上比“90+”更灵活。

原产地计划有庞大的企图，沙夏组成跨国性的经营团队，产品既专精又为买家提供了宽广的选豆空间，此外更提供全方位的服务，从咖啡馆的技术训练到一手包办参加世界杯的培训，2018 年世界咖啡师大赛即是由沙夏团队训练并使用了 CM 系列埃塞俄比亚精选豆的波兰选手阿基耶斯卡（业界昵称阿尬）夺冠，自此原产地计划更是声势日涨！

选购品牌豆的省思

2018 年 12 月 15 日，我刚结束台北的 WCEP 课程（世界咖啡活动组织竞赛教育训练课程），随即赶赴埃塞俄比亚，展开 2018—2019 年产季的田野访查。行程中，一位知名咖啡园主问我：“为何亚洲市场愿意花超额代价买品牌豆？你们愿意在豆袋上印出我们的名字，这让咖啡农终于能站上市场。我也乐意告诉访客，你可以在亚洲烘豆商处喝到我们的豆子！这些品牌背后的生产者其实是我们，负责烘豆与辛勤销售的是你们，那为何品牌豆拿走多数利润？”

这段话很棒也很有意义！现实中不具备知名度的烘豆商常借品牌豆向其顾客证明并非使用来路不明且索价昂贵的生豆。烘豆商确实直接面对冲煮师傅与消费者，尤其多数小型自烘店更是大小事都自己来，那更应该深思：自烘店的价值在哪儿？烘豆商该如何慎选高价生豆？烘豆商的自有价值会沦为品牌的抬轿者而失去建立自有风格的机会吗？

· 行业资讯爆炸下的选择 ·

寻豆师的选豆准则

咖啡生豆是一种农产品，也就是说，即便是同一庄园的豆子，受各种主客观条件的影响，每一批次的质量未必相同。如何避免购买生豆变成随机或是类似赌博的状况一直是专业寻豆师和生豆采购者面临的挑战。寻豆师必须年复一年以熟练的沟通技巧、判断质量的能力、应对能力来解决问题，避免质量参差不齐，确保以合理的价格买进最优质的生豆。

就因为购买的环节充满变数，买家花大钱却未必能买到质量佳的生豆，不外乎以下几种情况：

一、测试样品与到货商品不符。

二、盲购。没有杯测选豆或只依赖二手风味信息即决定采购。

三、买家常以为生豆质量应是供货商的承诺与责任，往往仅在交货当下确认质量（抽样检视），却忽略到货后的保存细节，导致库存后质量出现问题。

小批量采购者值得学习的“生豆质量四大支柱”

多数亚洲市场的特殊性让小烘豆商成为主流。台湾有约3000家使用小型烘豆机的自家烘焙店，大部分使用1公斤的小型烘豆机，这表明了台湾烘豆师采购量少且豆款多样性高的买豆策略。但无一定的采购量，就无法建立直接关系的采购模式，很难有机会进行产地国出货前的样品试烘比对杯测。

省略检视与杯测样品步骤对采购生豆来说非常危险，无论多知名抢手的生豆，不杯测、不检视品质即下单买豆就变成盲购。

盲购容易出现到货质量不如预期的状况，导致与生豆商争执，徒增纷扰。商场上固然讲信任，但生豆质量极易受外在环境影响，任何环节都会导致质量生变，因此采购前的杯测与检视生豆的步骤非常重要。

我建议每一位生豆买家都可参考以下的“生豆质量四大支柱”，作为决定采购前的核查清单，确认自己在每一个环节都做到了相关的工作，将有助于降低错误决定的概率。

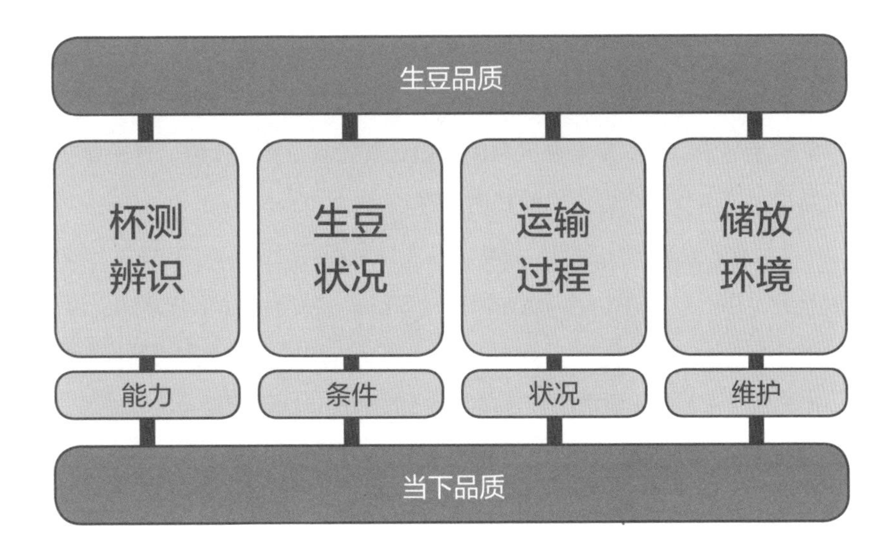

根据生豆抵达与后续使用的各时间节点作为判断依据。

第一支柱是杯测辨识，第二支柱是生豆状况，指必须于主要时间点来检视生豆当时的质量状况，且必须进行烘焙样品测试，两者交叉比对。

必备工具：密度与含水率检测仪。

必备动作：目视生豆外观、颜色、气味。

少量烘焙样品、杯测、记录。

虽然目视可观察到生豆的缺陷或瑕疵，但对质量造成的影响有多大呢？试想，你若向供货商反映某批次的豆子有问题，对方一定会反问：风味如何？能够精确描述才有助于沟通、找到问题，无论自己寻豆、团体共享或向供货商买豆，团队中都必须有专人负责杯测与质量鉴定。

关于杯测的细节，我在上一本《寻豆师》的第二部分有完整介绍。检视生豆状况的主要项目包括：从产区拿到的刚处理的季初样品、主采收期样品、熟成样品、关键的出口前样品、到货测试、仓库储放期间测试、烘焙成品测试，甚至比较同货源的新豆与新产季（Present Crop）或老产季（Past Crop）测试、确认货源在新旧年度的一致性、有质量问题批次的测试。上述工作是对生豆在不同时间点的质量进行判别，简称生豆状况。

运输过程是第三支柱。尤其海运或炎热气候与高湿度的运输环境常导致质量异常，寻豆师必须要判断运输是否导致了质量下降，才能依据此结论要求供货商改进或采购其他豆源。

生豆刚抵达时的比对与检视非常重要！尤其采用豆单选购生豆的自烘从业者，你不会知道生豆到底在原产地停留了多久才抵达供货商的仓库，虽然低温仓储已成为高价生豆的标准储存环境，但选购批次到底在供货商仓库停留了多久及出货前的生豆情况有赖所购现货抵达后逐一检视。

必备工具：密度与含水率检测仪。

必备动作：目视生豆外观、颜色、气味。

少量烘焙样品、杯测、记录，与供货商提供的外观、风味数据比对。

如有异状必须回馈意见并列档，作为后续追踪或未来再购的依据。

储放环境是第四个支柱。多数亚洲地区的夏季异常湿热，再好的生豆质量也会因储放环境而质量下滑，生豆质量维护不易，当咖啡农提供了优异的生豆时，买家接手后做好温湿度的控管非常重要，由源头到豆仓都必须协力合作，缺一不可！

当生豆质量出了问题，通过杯测推想发生原因的过程很像做拼图，不管是采收、精制处理还是其他过程，一不小心就会东缺一角西落一块。如果掉落的是整张拼图的边边角角，以商业豆而言质量差异不算大，原本商业豆就存在合理的缺点；但精品豆只要不要求、不维护，质量一定会出现可感知出的差异，最终必然会反映在顾客的口碑上。

2018年危地马拉卓越杯装船前样品鉴定，样品批次21。

改善储放环境后，为新环境中的生豆建立杯测与信息记录，以供后续每一季（至少一次）检测时比对质量。

精品豆的价值就建立在信息公开上

我常认为精品咖啡与商业咖啡最大的差异在于专业导向，试想，精品咖啡的先驱者推广耶加雪菲十多年，才让消费者相信咖啡里喝得出花香，但如今消费者在便利商店就能买到大咖啡商出的挂耳包，精品从业者在专业上的优势其实极易被迎头赶上，要想继续保持优势，让产品信息更透明是应持续做到的事。

举例来说，前文提到的“90+”虽标榜创新处理技术，但产品上

欧舍低温恒湿仓储，编码、入仓、环境控制、易于出入与随时掌控品相与数量，是生豆仓管理的要点。

的信息仅聚焦在风味与品牌代言人上，几乎看不到细节说明。另一家原产地计划揭露的处理法专业信息稍多于“90+”，虽然看得出维护核心处理技术，不想全盘托出，但历史告诉我们，技术信息公开得越少，就越会丧失新趋势的话语权。买家往往追逐更新的技术与话题，像是近期酵母处理法开始流行，原产地计划就比“90+”拿到了更多话语权的优势。

追求名牌豆？先建立自己的杯测价值

咖啡同行近年来普遍有种感觉：生豆越来越贵了。尤其在知名庄园与竞赛豆的推波助澜下，买家常要付出高于市价数倍，甚至动辄一磅上百美元的价钱。

寻豆师的思考不外乎质量与价格是否成正比。高价买来的豆子就算不赚钱，是否可当作一种广告营销？无论如何，即便有钱买高价豆，关键之处仍在于经营者的杯测与干净度（clean up）的辨识力。一旦价格飙高，就算是以 90 分的价格买到 88 分质量的生豆，分数虽高，但考虑到买价，就会觉得很不值得！一般寻豆师或烘豆师最常因经验不足而无法辨识高质量豆款之间的细微差异，采购时缺乏警觉，就容易花大钱当冤大头。举例来说，卓越杯评审中有一项重要的专业技能，辨识干净度细微差异的能力，此项评审可充分反映该款生豆由采摘果实端开始一连串的细节与努力！以蜜处理法或日晒法为例，买方如果轻易接受其“干净度一定会比水洗法略差”的说法，就很容易以高价买到质量较次的批次。殊不知，无论处理法为何，好的干净度代表无任何负面风味，清晰传递原产地风味，表明摘取了正熟果实并进行了严谨的精制处理。如果可以出很高的价钱，买家就应坚持“高价 = 高质量”的要求来选择知名庄园、高价竞标批次与名牌豆。

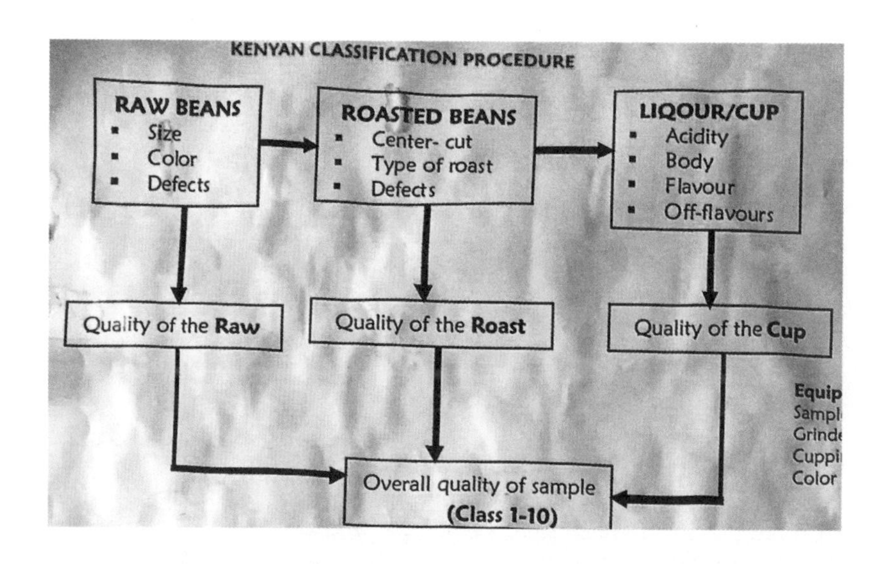

肯尼亚豆的四项杯测指标：酸质、醇厚度、风味、负面风味。

该追逐最新的品种与处理法吗?

在与其他饮食工艺、文化融合后，现在的咖啡业越来越“潮”，每年都有各式新品种与新的处理方式出现。在本章最后，先分享一些多数烘豆者在选豆前的思考逻辑。

优先考虑知名产地：假设我们以消费者熟悉的产区为采购目标，像是危地马拉的安提瓜、哥斯达黎加的塔拉苏、萨尔瓦多的圣安娜火山，有经验者会以盲测选出上述地区的优质批次，属于既考虑产地需求，也考虑质量的专业采购模式。

优先考虑知名品种：瑰夏种当红，豆单中必有瑰夏，但这是哪里的瑰夏？品质优良吗？专业者必不会见猎心喜，而是以杯测辅助找出质量、价钱合适的方拍板采购。以名种为采购目标时，常见的品种包括帕卡马拉、黄波旁、苏丹卢美、SL28。

优先考虑处理法：蜜处理法当道，特殊处理法逐渐流行，包括师法酿酒业的厌氧处理法；中美洲产区采用肯尼亚 72 小时水洗法；有人工酵母发酵法，添加酵素或外来物进行发酵；将果实低温浸渍或处理后以遮阴长时间缓慢干燥等。

下一章我将分享产区关于品种与处理法的现状，看起来虽复杂，但大道至简，无论看起来多厉害的豆子，最终都必须以专业杯测及本章提及的“生豆质量四大支柱”为准，才不易买到“地雷豆”。

选高价豆前的必备能力

以下方法特别适用于高价豆与非洲产区豆，不同于精品咖啡协会、卓越杯的评分表，以下四项在于培养实战能力，并可于简易环境下快速选豆。

1-1 能辨识同一庄园、水洗站或小产区同一种处理法的干净度高低、质量高低。

1-2 充分练习同一款豆在摘取成熟且熟度一致的果实的情况下，水洗法、日晒法、蜜处理法在干净度上的差异与杯测感官上的特征。

2-1 辨识同一庄园、水洗站或小产区同一种处理法的酸质强弱度高低、质量高低。

2-2 充分练习同一款豆在摘取成熟且熟度一致的果实的情况下，水洗法、日晒法、蜜处理法在酸质上的差异与杯测感官上的特征。

3-1 辨识同一庄园、水洗站或小产区同一种处理法的醇厚度强弱度高低、质量高低。

3-2 充分练习同一款豆在摘取成熟且熟度一致的果实的情况下，水洗法、日晒法、蜜处理法在触感质地上的差异与杯测感官上的特征。

4-1 辨识同一庄园、水洗站或小产区同一种处理法的风味强弱度高低、质量高低。

4-2 充分练习同一款豆在摘取成熟且熟度一致的果实的情况下，水洗法、日晒法、蜜处理法在风味上的差异与杯测感官上的特征。

· 面对极端气候的强种之道 ·

老兵与新种

产区寻豆，我最常被咖啡农问到的问题是："你如何决定采购哪些批次？"

我的回答通常很简单，只有两点：第一是风味出众，能代表当地的风土特色，第二是客户指名要求的品项。

要找到前者的好批次需要反复杯测，至于顾客的要求或偏好，不外乎特定庄园（产区）、品种或处理法，如早期的波旁，近期的爪哇、瑰夏、黄帕卡马拉等品种，或是现今市场接受度最高的蜜处理法。这些条件会组成寻豆师的采购组合。

品种在这几年成为显学，许多人一味追求知名品种，但身为寻豆师，优先考虑的仍应该是质量与风味。犹记 2017 年秘鲁首届卓越杯咖啡农会议上，各国评审最终达成一致结论："品尝巴拿马博克特的瑰夏、哥伦比亚考卡的瑰夏、危地马拉阿卡特南果的瑰夏种，或许都有花香、柑橘、茶感，仔细杯测会发现仍可分辨出不同，尤其是触感与余味，从整体经验来看，即使都是瑰夏种，也是不同的咖啡啊。"

多数时候因为市场的考虑，许多寻豆师非某种豆不买，甚至即便是其他国家的同一品种也照买不误，但要知道，这些名种之所以会在该处被发掘或发扬光大，自是因为能彰显当地独特风味，这点绝非移往他国栽种的品种所能取代。

明星品种出了什么问题？

曾有法国国际农业研究中心（CIRAD）的专家表示："因为阿拉比卡种基因的窄化与栽种日久产生的退化现象，不仅风味逐渐贫瘠，也不耐病虫害，在气候变迁的冲击下，情况日趋严峻。"

走访各产豆国的现实情况是，很难发现只栽种铁皮卡单一品种的农园了。商业市场名豆遭受叶锈病毫不留情的冲击，重创牙买加，牙买加蓝山产量大幅下滑、质量严重受损，咖啡果蠹虫对夏威夷大岛区造成的巨大伤害已经超过四年，著名的科纳产区已奄奄一息。

在极端气候的影响下，知名品种面对的困难日增，尤其波旁与铁皮卡两大族群因病害侵袭与年久疲软，风味由高峰逐年下滑，酸质明亮度流失，收成也大幅下滑，即使咖啡农砍树轮种（Stumping）、修枝减产或强化施肥（包括喷洒药剂来对抗病虫害），希望维持风味与基本收获量，这两个最大的品种处境依然艰困。

2018 年，瑰夏种难耐气候剧变，收成率急剧下滑 40%，不仅如此，连帕卡马拉种也开始丧失独特的野劲，咖啡农惊觉熟悉的品种受到产量与风味疲软的双重考验。生产国当然有对策，毕竟咖啡果实是这些生产国咖啡农重要的收入来源，各国研发单位陆续发布罗布斯塔混种或其他人工混种的种子，让农民改种新的混种，应付严峻气候、病虫害并维持高产能。

咖啡农考虑的不仅是提供让市场追逐的品种，现在更挂念该栽种哪些品种才可生存下来。只要咖啡农有维护质量的决心，寻豆师就应与生产者合作来防止品种退化或病变的问题，一旦发生问题，两三年内都无法恢复荣景。但从我走访各产区的经验来看，也看到不少咖啡农面对困境成功找出生存之道。以下提供三个亲访案例供大家参考。

强种案例 1：老兵不死的波旁种

理想庄园（Finca Concepcion，全名 Concepcion Pixcayá），位于圣璜·莎卡铁佩克斯，离危地马拉首都危地马拉市不远；庄园名称源自天主教圣母（Virgin of Conception），以及流经庄园、带来丰沛水源的 Pixcayá 河。深入了解庄园理念与奋斗过程后，我因园主务实又富有哲理的人生态度，将庄园名翻译为“理想庄园”。

理想庄园由 Carlos Miron Armas 与 Maria Munozde Miron 两人创立于 1926 年，之前是天主教会的资产。2017 年，我初次拜访理想庄园，该园现由第三代 Manuel Zaghi Miron 与 Maria Cristina Miron Cordonde Zaghi 联手经营，坚持栽种 100% 波旁种，还栽种大量的塞浦路斯雪松、松树，设有伐木厂与简易加工厂来增加收入。

2012 年席卷中美洲的叶锈病使很多庄园放弃娇嫩的波旁，病急乱投医，将果树连根拔起，改种抗病性强但质量不佳的品种。大财团趁机游说农民改种卡蒂姆种（Catimor），就连安娜咖啡协会都有高层推波助澜，

但理想庄园对质量的坚持却产生了出人意料的结果。

Maria 吩咐仆人准备咖啡，在客厅与我详谈，话题包括家族栽种咖啡的因缘、她的旅行足迹与为何坚持只种波旁种。她说：人跟咖啡一样，都会生病，都有年老体衰的问题，她知道波旁种对叶锈病的抵抗力低，但年轻的波旁种则不然，可以轻易抵抗病害并顺利开花结果，不会发生过度落叶而产量降低的事情。

年轻强种得以抗病

我花了几个小时访遍庄园，发现老波旁几乎全都光秃秃，工人将病树连根拔起弃置一旁，堆积起来的枯木与树根宛如咖啡坟场，触目惊心，这场景几年来我在产区目睹多次，每次都产生强烈的情绪冲击。但越过山脊的另一区，转眼竟绿意盎然，出现整列健康的咖啡林，病害侵袭前后对比如此强烈的庄园，我是首次遇到。

作者拍摄于理想庄园，图中为严重受创的老波旁种。

Maria对战叶锈病的决心来自她对波旁种的深度认识，理想庄园虽然也遭遇了叶锈病害，但迎战得早，由庄园的种子库中精选强壮的年轻种子得以抗病。庄园经理Manuel负责繁重的庄园农务，采收时仅选取100%正熟的红色果实，当日筛选入机器去皮并进入发酵槽发酵，密切关注发酵的质量，完成后再度洗净，以架高的棚架铺开干燥，并针对不同的批次评测，挑选质量更优的拿去参赛或卖给挑剔、愿意付出较好价钱的买主。严密的品管使理想庄园连续多年成为卓越杯竞赛优胜者并打入前十名。

除质量控管外，理想庄园也通过对环境压力的控管来改善咖啡树的生长环境，除了100%不用化学除草剂，以纯天然堆肥作为咖啡树的营养源，更做到将发酵清洗的废水回收，并以专属储存槽处理，确保环境安全、无污染源，理想庄园凭借多年来对环境的保护与无害栽种林木荣获危地马拉国家造林环境奖。

强种案例2：大放异彩的中美洲H1新混种

由贡萨洛·卡斯蒂略家族经营的“圣布拉斯的承诺庄园”（Las Promesasde San Blas），位于尼加拉瓜，是新塞哥维亚产区的小型家庭农场。贡萨洛于2010年买下当时几乎荒废的农场，费尽心力开垦。庄园海拔在1200—1300米间，在当地的风土与海拔条件不算顶尖，却连续在2017年、2018年两年荣获尼加拉瓜卓越杯大赛亚军，可见庄园主贡萨洛的用心，仅花短短七年时间就连夺大奖。

在庄园我观察到一个罕见现象，贡萨洛栽种的品种几乎都以新兴的混种为主，尤其是由哥斯达黎加热带农业研究和教育中心（CATIE）、法国国际农业研究中心与美洲区域合作组织（PROMECAFE）三个团队共同研发出来的中美洲H1品种。庄园内还种有H3与H17（后两者也属F1，是哥斯达黎加热带农业研究和教育中心选用的源自埃塞俄比亚的

当地种并人工培育出的新混种)，传统品种仅有卡杜拉。中美洲新品种连续两年拿下 90 分以上的高分，不仅世界咖啡研究组织高层兴奋异常，尼加拉瓜当地的生产者与其他中美洲的咖啡农都产生了浓厚兴趣，事实证明，新兴混种风味不输马拉卡杜拉（Marra Caturra，大颗种)、帕卡马拉、卡杜拉、爪哇、波旁等较传统的知名品种。

中美洲 H1 源于南苏丹的苏丹卢美与抗叶锈病的 T5296 种，是由人工培育而成的第一代 F1 混种，优点是风味优良，不但能抵抗叶锈病，对咖啡炭疽病也有相当的耐受性。它适合栽种在高海拔，不但豆形大，产量也高，矮树形利于采摘与照顾。缺点是根部要谨慎施肥，而且咖啡农不可直接用子代种子直接培育下一代，必须回到种子供应源购买培育种子。

除了精明的选种外，庄园也采用低环境冲击的栽种方式，大面积保留林地遮阴，一年四次深度施肥（有机肥料）的精密耕种也对质量产生了正面的影响。

贡萨洛与他栽种的中美洲 H1。

强种案例 3：吉玛农业研究中心的品种群

目前流通于世的阿拉比卡种有以下严重情况：

一、基因窄化；

二、风味退化；

三、疲软渐弱。

多数混种所产风味较贫乏，幸好我们还有埃塞俄比亚。这里有公认的咖啡品种基因库，在 2006 年首访时，研究专员告诉我，埃塞俄比亚至少还有 80% 以上的未知品种等待发掘！

埃塞俄比亚的吉玛农业研究中心是举世公认的拥有最多与最强壮好基因品种的机构。它于 1967 年在联合国粮食及农业组织（FAO）的赞助下成立，目的是改善咖啡质量、提高生产率、防治疾病、增加农民收入。

最强壮基因的大本营

自 1978 年以来，吉玛农业研究中心研发各地采集的原始壮种，经过一连串抗病与产能实验，多年来释出近 40 款品种。这些原始种由研究中心各地分站搜集，经研究中心栽培、实验、试种，释放的品种包括各区的当地原始适应种、改良种融合原始种的混种，都拥有强壮的原始基因，能对抗病虫害。

除了通过实验比对找出抗病性最佳的原始种并释放抗病改良品种外，研究中心也会拜访农户检视栽种效果，除抗病害与产量检查外，更会确认质量表现与统计农户对品种的接受度，这些数据让研究中心筛出更适合栽种的优质风味种。

2006 年首访吉玛农业研究中心时，大家关注的焦点都在瑰夏种的信息上，希望能找到这源自埃塞俄比亚却在中南美洲爆红的品种线索。但在访谈中，我发现研究中心并不在意瑰夏种的发展情况，反倒多次提到抗病、产能佳、带有优秀风味的品种。一位当地官员说："埃塞俄比亚有非常多的优秀风味品种，但不一定适合栽种在每一个地方。"当时我不懂这段话的意思，直到近年来明星品种的状况层出不穷，回头思索当时的资料与谈话，才略明其含义是指品种有属地与适应性的问题，尤其是阿拉比卡种。

<
2006 年作者首度拜访吉玛农业研究中心。该中心也准备了在当地释出的抗病性佳且风味不错的品种，即由格拉、吉玛、默图三地挑选，且于 1979—1981 年释出的七款。该中心的研究员告诉我，释出品种中以 74112、74110、74148、74158 四款较普及并受农民欢迎。

>
吉玛农业研究中心准备了四款 1974 年释出的品种供我们杯测。

举例来说，吉玛农业研究中心在 2002 年的"当地强种发展项目"（见 015 页）中，为了找出适应当地风土又能产出良好风味的品种，在全国四大区合计提供了 16 个品种供栽种。以我们最熟悉的西达摩与耶加雪菲两地区来说，研究中心在 2006 年陆续释出安尬发、柯提、发雅提、欧迪洽等四个在地种让农民选种，其中的发雅提与柯提具有香料甜与浓郁的花香味，是该区典型的风土特色，尤其适合栽种在 1700—2000 米的高海拔地区。

咖啡农如何选择新品种?

产区咖啡农常会问我们:“咖啡农该种哪些品种?”“你们觉得哪些品种好卖?”事实上我觉得不外乎四点:风味水平、抗病性、收获量、纬度与高度是否适合栽种。

实际操作上则受限于传统现状,如种子取得的成本与难易程度,甚至官方或意见领袖也会很大程度上影响农民的意见,有些产区在选举期间,政治人物会提供免费的种子给农民,部分商业公司也会用很便宜的搭配方案来说服农民。

帕卡马拉之父谈品种的不稳定性

2018 年的萨尔瓦多卓越杯评比期间,萨尔瓦多咖啡局特地请来现已退休、人称帕卡马拉之父的安侯·温贝托(Angel Humberto)先生前来相聚,讲述研发帕卡马拉种的背景及突破的过程。我问温贝托,帕卡马拉种在栽种到第二代之后的不稳定性导致严谨的学术单位仍不愿意承认帕卡马拉是一个品种,这是真的吗?

温贝托很明确地说:“是真的!”

他鼓励咖啡农回到研发单位选购第一代 F1 的种子,用来更新或扩大栽种。根据孟德尔的遗传规律,如果你买到的帕卡马拉恰好是帕卡种(Pacas)为显性,豆形看起来很突兀,不是想象中的大颗豆形,应该是买到了不稳定的那一代的产品。

作者与温贝托先生合影。

^
作者与吉玛农业研究中心的研究员合影。杯测期间他告诉我 74110 的接受度很高，但他个人较喜欢 74158 的风味。

v
下图拍于该中心入口处，可看到吉玛农业研究中心的全名，穿红衣服的正是“90+”的创办人。

此外，品种对海拔高度的适应力，尤其生产量多寡、豆形大小、抗病抗虫害能力、施肥要求、抗旱能耐都是农民关注的重点。以豆形来说，不是只有采购哥伦比亚商业豆的买家在意豆形大小，肯尼亚也是，AA 价格就是高于 AB，这也是肯尼亚当局在研发新混种时必须把豆形大小列为重要考核项目的原因。果实成熟期也是考虑之一（尤其在巴西），成熟期不可太集中。

并非其他国有瑰夏、有 SL28，所以这里的咖啡农就非种不可！寻豆师要理解，咖啡农选种的优先级可能跟你想的不一样，了解咖啡农为何种某一品种，比盲目追求名种更重要。

精品咖啡农的看家本领

现在流行的制程提味能代表当地好味吗？我们更靠近原产地风味，还是距离更远？这是我在产区常常会问自己的一个问题。

产区风味（original character）指能代表咖啡产地的风土味道，早期简称产地风味或产区风味，用来描述产豆国或大产区常见的味道。精品咖啡追求的原产地风味不只限于产区味道，更讲究精致、高质量的微量批次风味，可理解为“在特定地采收成熟果实，并处理成质量好且具备风土特色的微量批次”。产区风味豆的精制处理不添加外物（如工业干酵母），即便是新创发酵或微生物处理法，也以庄园周围天然的菌种进行，不会丧失当地的风土特色。

自2015年沙夏以二氧化碳浸渍处理法拿到冠军后，特殊处理法成为显学，但大多仍属少量制作或类似实验室内的产物，要如现有的三大处理法般普及仍需要时间。竞赛与大众喜欢新特性确实带起了发酵处理法的风潮，是否该直接采用商业酵母或其他添加物来跟进酵母处理法或以原产地原菌种发酵？我与咖啡农合作并测试过数十个批次，发现包含的细节非常多，无法轻易直接决定，这个过程跟传统水洗区尝试日晒豆、蜜处理法其实不尽相同，那该不该跟进这些创新处理法？

回顾2005年，巴西的PN处理法在哥斯达黎加变身为蜜处理法，十余年来蜜处理不仅流行于中美洲，也已红遍全球。目前的三大主要处理法是水洗、日晒、蜜处理，已衍生许多变化与细节，目的都在增加风味或创造风味，理论上利用微生物控制发酵作用对风味产生影响，制程上甚至效法食物脱水、风干或初步风干再入水，做短时间的还原再去皮干燥等繁复工序。咖啡农采用创新处理法希望创造出让人惊艳的风味，但不是每一批都能如人所愿，常因处理失败而产生诡异且难以入口的怪异风味。

寻豆师对处理法应该采取开放的思路，一切建立在对信息的理解与风味杯测上！寻豆师必须先了解原本基础的处理法（指在当地盛行且施行了五年以上的处理法）的风土味道，也能辨别与创新处理法的不同之处，同时思考：

新的处理法对杯测结果是加分还是扣分？

如果是加分，可持续且稳定供应吗？

在建立采购关系后，是否能与买方保持密切联系，了解生豆一年内的变化？

质量稳定、变好还是衰退变质？烘焙是否容易驾驭？

每种处理方法都有其优点和缺点，都可能生产出色的咖啡，但并非每种处理法都适合用于每个农场。气候、资源、劳动力、市场需求都是变量，以下提供我在产区看到的三种创新处理法案例给各位读者参考。

创新处理法案例1：推迟自然发酵的葡萄干处理法

2017年巴西卓越杯大赛PN组（半日晒组）冠军的美好花园农场（Fazenda Bom Jardim）非但在决赛拿到92.33的高分，更令国际评审惊艳的是其杯测结果有着不寻常的风味特征。代表出赛的农场第三代经营者努内斯（Nunes）才28岁，两年前自农艺专业毕业，为了卓越杯比赛他开发出葡萄干处理法，一鸣惊人。

在咖啡专业用语中，"葡萄干"通常指仍在咖啡树上且颜色开始变成紫色、逐渐枯萎的果实。努内斯解释，他是在果实甜度刚过最高点，且尚未产生过熟风味时采摘，只用手工采摘符合时间点的咖啡樱桃，随

美好花园农场以机器采收果实。

后放入大桶让卡车载至当地森林中静置，不曝晒并冷却 36 小时进行厌氧处理，当确认达到预期的发酵结果后，第三天早晨载去做下一个阶段的去果皮处理（如此方符合 PN 竞赛的要求），筛选后将挑好的带壳豆移到棚架，进行干燥作业，视天气与干燥情况，在含水率约 11.5% 时移到阴凉的干仓，继续储放与静置。

若仔细研究美好花园的数据，使用的咖啡品种是黄波旁。令人惊讶的是庄园最高海拔只有 950 米，且庄园位于喜哈多・米内罗区（Cerrado Mineiro），此区从来不是冠军产区，因此当冠军发布时，现场的人们露出惊讶与无法置信的眼神。

喜哈多地区向来气候较热且海拔略低，根据巴西国内专业评审喝到的记录，美好花园的参赛豆并非喜哈多的当地风味，于是谣言满天。努内斯在接受媒体访问时说明采用葡萄干处理法后才得以释疑，就创新处理法而言，这无疑是一个成功的案例。

创新处理法案例 2：
取法制酒的酵母作用辅以日晒法

巴西传统日晒法通常是直接将采摘下的果实铺在水泥地或棚架进行曝晒，但位于卡蒙・米纳斯区（Carmode Minas）的小师傅庄园（Senhor Niquinho）根据实验结果改变制程，采用慢速发酵，风味、甜度、厚实度与余味都有大幅提升。

实验过程以仪器来分段取样，并检视桶内果实发酵的程度，质量的关键在于控制发酵桶内的温度、pH 值、水分与气体这三大重点。工序上必须以人工采摘正熟的好果实，筛选好果实后于四小时内直接装入大桶，将桶上盖，以自然发酵的方式，定时检视 pH 值、分段排除发酵产生的液体、检视气体浓度，控制三个参数让桶内温度慢慢地在 3—4 天

2018年刚采收的小师傅庄园传统改良豆的薄层日晒。

内达到 40℃—45℃，之后马上移出果实，放置架高棚架上，以薄薄一层的厚度进行后续的日晒干燥。

同一庄园的传统日晒批次与这批创新日晒批次的杯测分数差距达 8 分左右。

创新处理法案例 3：舒马瓦庄园冠军豆的甜汁发酵蜜处理法

2016 年哥斯达黎加卓越杯冠军舒马瓦庄园（Monte Llano Bonito）的拉德拉批次（Lote La Ladera 2016）来自该国西部山谷的查柚蝶保留区（El Chayote）的高地。拥有波阿斯火山的肥沃土壤与面临太平洋的对流与湿气，加上早晚颇大的温差与适度日照的微型气候，此区方圆一公里内诞生了四个哥斯达黎加的冠军庄园，真可称是地灵人杰。

但这款舒马瓦冠军豆的精制过程更值得讨论，不但用上了新品种，且采用了神秘的甜汁发酵蜜处理法（Sweet Sugar Process）。

我遇过的咖啡农几乎都有独家本领，有些会宣称自己首创，这类的生产者通常不愿意对外透露关键信息，前面提到的葡萄干处理法即是一例。而舒马瓦的庄园主也不遑多让，甚至不愿意透露品种的细节，但这不妨碍这是一款很罕见且值得品味的冠军咖啡。其风味包括果汁、柑橘、水蜜桃、蜂蜜、多款莓果、苹果、杏桃、蜜枣、热带水果拼盘与瑞士水果巧克力，余味是多变的水果甜感，香气很特殊且持久。

庄园主梅纳（Mena）采用他宣称的独特甜汁发酵蜜处理法，将咖啡浆果在处理过程中产生的汁液取来浸泡果实，浆果汁液含有颇高的甜分与该地自有的独特酵素，让果实蕴含更丰富的滋味，之后再用薄层架高的方式干燥。

除了上述独特处理法，庄园富饶的火山土与低温的环境是产生高质

量咖啡的主要原因。竞赛批次用了两个品种，分别是埃塞俄比亚原生种与卡杜拉人工混种的H3，由位于哥斯达黎加的热带农业研究和教育中心机构所供应，以及本地的卡杜拉种，用来增进香气与复杂度。

以上三个例子其实都跟发酵产生的风味息息相关，那么对咖啡人来说，发酵是什么？

发酵是酵母、细菌等微生物遇到养分后将糖分与淀粉分解的过程。对咖啡人来说，酵母和细菌将糖转化为能量和风味等化合物，随着温度的缓升与时间的流逝，产出好风味。发酵在咖啡的三大处理法中都会发生，对风味与触感的影响超乎想象。不良的发酵会导致咖啡发霉，甚至产生刺激的化学味道，这也是处理者需要监控整个过程并根据现实情况及时做出调整的原因。

果实于发酵槽内开始发酵后，内果皮上的黏质层与微生物开始作用，槽内温度会逐渐提升，发酵作用也会加速，必须注意环境中温度升高的速度与pH值降低的速度（如pH值快速下降，表示酸化过快），两

甜汁发酵蜜处理后的干燥过程。

者都会导致令人不愉悦的味道，如金属或醋酸甚至较粗糙的触感，反之，过程太慢或发酵不完全即停止也会导致风味与质量产生异常状况。

发酵时间从 8 小时至接近 72 小时都有，主要取决于环境的温度（高海拔山区往往超过两天，因为环境温度偏低），环境温度较高或果胶黏液层较厚都会加快发酵作用。停止发酵的时间点牵涉到咖啡的风味与质量，产生影响的关键因素包括 pH 值、酸度、含糖量，仍留在内果皮上的残留物也会产生影响。

还有几项研究成果表示，添加某些类型的酶、酵母或热水能加快日晒发酵的速度。这些方法一般都在机器去除果肉之前使用，可以有效降低水的消耗，还能保护发酵环境。尽管一些实验表明酶和酵母能够改变挥发和非挥发性物质成分的含量，但目前很难实现商业应用。

好的发酵过程可确保优质的原始风味呈现，添加商业酵母的流程管控好可增味，尤其对风味较平的商业咖啡来说是一大福音。目前控制发酵的处理法可按客户需求提供较凸显的风味或非产地原始的风味，通常着重在提升甜感、酸度、触感，如特定水果的果酸、焦糖、巧克力等风味。

但发酵时间过长，可能会导致风味质量的大幅下降，酸度、醇厚度和甜感等特性都可能降低。咖啡农要了解发酵过程并做出恰当判断，应该接受一些有关质量分析的培训，比如杯测，方能评估发酵过程带来的影响，并及时做出调整。

寻豆师可以协助确认咖啡农在发酵上的几个控制重点：

* 设备必须是洁净的。

* 在发酵过程中和发酵后做好相关数据记录，以便跟踪、控制和重复发酵过程。这些数值包括糖度、pH 值、发酵时间、温度等。

* 最后进行杯测检验。掌握的信息越多，就越容易利用发酵来获得始终如一的高质量咖啡。

如果处理不当，发酵很可能成为咖啡豆处理者的灾难；但若善加利用，发酵能够带来深受消费者喜爱、与众不同的风味。

商业酵母处理法

拉尔咖啡出品的西玛酵母系列已进入市场，该公司宣称使用该系列酵母可增进咖啡的柠檬味、甜度、柔和的触感，使用方式是准备好酵母溶剂后（干酵母量与去皮后的豆量比例是 1:1000）浸渍在发酵槽 4 小时后，做首次果胶状况检查，之后的 12—24 小时将槽内的温度控制在 14℃—26℃区间内，避免出现过度发酵的状况与异味。这款西玛系列人工酵母除了可减少水洗法的用水量，也可减少发酵时间。

关于商业酵母处理法（inoculation yeast process），寻豆师该有的认知是：

1. 咖啡果实的糖度愈高就愈适合采用商业酵母处理法吗？答案并不是，而且有时会适得其反，巴西精品咖啡协会（BSCA）研究发现，有时会出现甜度太高、风味出现反差的情况。

2. 经过实验证实，商业接种发酵法（inoculated fermentation）风险很低，风味确可改变，对于低海拔环境生长或质量较差的咖啡确实可提高杯测的分数，但质量本来就很优秀的咖啡使用后不一定会提升杯测分数。

3. 使用相同酵母或细菌并不一定会得到同样的味道，酵母在当地环境、海拔高度、菌株、品种、熟成度、微生物与菌种间的竞争都会改变，也会造成最终风味的不同。

4. 选定的微生物或酵母确实会改变被处理的咖啡的风味，且可以设计出主要的味道。

5. 商业接种发酵法会形成趋势，但市场需求与处理成本会决定其普及的程度。